EXIBEI DIQU CHUANTONG MINJU
SHIKONG YANBIAN YANJIU

鄂西北地区
传统民居时空演变研究

项目类别:2020年湖北省教育厅哲学社会科学研究一般项目
项目编号:20Y166
项目名称:鄂西北地区传统民居时空演变规律与适应性研究

陈鹏 著

黄河水利出版社

郑 州

图书在版编目(CIP)数据

鄂西北地区传统民居时空演变研究/陈鹏著.—郑州:黄河水利出版社,2023.5

ISBN 978-7-5509-3567-9

Ⅰ.①鄂… Ⅱ.①陈… Ⅲ.①民居-建筑艺术-研究-湖北 Ⅳ.①TU241.5

中国国家版本馆 CIP 数据核字(2023)第 080563 号

组稿编辑:韩莹莹 电话:0371-66025553 E-mail:1025524002@qq.com

责任编辑	郭 琼	责任校对	韩莹莹
封面设计	张心怡	责任监制	常红昕

出版发行 黄河水利出版社

地址:河南省郑州市顺河路 49 号 邮政编码:450003

网址:www.yrcp.com E-mail:hhslcbs@ 126.com

发行部电话:0371-66020550

承印单位 新乡市豫北印务有限公司

开　　本　787 mm×1 092 mm　1/16

印　　张　13.75

字　　数　245 千字

版次印次　2023 年 5 月第 1 版　　2023 年 5 月第 1 次印刷

定　　价　69.00 元

前　言

　　本书主要介绍鄂西北地区传统民居及聚落的时空演变特点,选取传统民居遗存量比较丰富的十堰地区及湖北荆山山脉地区进行分析,总结归纳该地区的传统民居在历史长河中的演变特征。本书从历史文化的角度出发,对社会环境变化、历史文化交流、人文地理特征等方面进行分析,以期能够总结出鄂西北地区传统民居在形成及演化过程中的特点,以及在此过程中建筑与自然的关系,让更多的传统建筑及文化走入大众视野,同时为更多未进行修缮保护的传统民居争取到更多的关注与关心。在目前国家乡村振兴的战略背景下,让传统民居更好地服务于人民,同时为美丽乡村的建设提供一些可持续发展方面的经验和思路。

　　本书在编写过程中,得到了湖北文理学院土木工程与建筑学院领导及各部门的大力支持,在此表示诚挚的感谢! 此外,特别感谢我的家人尤其是爱人张皓先生的支持与帮助! 本书能够顺利出版,离不开大家的关心与帮助,再次对大家表示最衷心的感谢!

作　者

2023 年 3 月

目　录

第 1 章　鄂西北传统民居时空演变背景

1.1　自然概况

1.1.1　区位

　　鄂西北地区位于湖北省西北部,一般指的是湖北与河南、陕西、四川毗邻的地区,是四省互通往来的交通要道。主要的区域包括十堰市及神农架林区、襄阳市所在的南阳盆地湖北部分,以及随州市、枣阳市(襄阳市代管)所在的"随枣走廊"(见图 1-1)。鄂西北地区处于汉江中上游,由于其处于四省交界之地,古时被称为中国中部的"四塞奥区",明清时期又被称为"三边之区",是历史上重要的移民及流民聚居地。

图 1-1　鄂西北区位

1.1.2　地形地势

　　鄂西北地区地处汉水中上游,包含神农架林区在内,全部的面积为 26 901

平方千米,境内山地资源丰富,山脉众多。区域北部是秦岭东段的延伸山脉,平均海拔约为1 000米;区域中部则是以武当山为代表的中低山区,该地区是大巴山的北端余脉,其境内群峰如林,峰峦叠嶂。中、高山地以神农架为代表,它是南部大巴山东段余脉的延伸。整个区域的地势走向与山脉走向一致,南北两端皆为高山区,中间则是由东西方向狭长的谷地组成的,整体的地形呈山高谷狭之势,坡度急且山体高差大。在高狭的山体间,汉江自西向东横穿鄂西北北部,经郧西、郧阳、丹江口等县(市)川流而下,从南北两岸汇入汉水。区域西部有海拔在1 200~1 800米的荆山山脉,其主要山峰为聚龙山,海拔1 852米。长江支流沮河、漳河,以及汉江支流蛮河发源于此山。襄阳市南漳县全境处于荆山山脉东麓,是鄂西境内山区向汉水中游平原过渡的地带。地形西高东低,大致形成了三级阶梯。第一级阶梯为南漳县西部,东线北起赵店乡的碑神寨,南行经李店镇的院烟坪至薛坪镇的洛峪;转向西南方向延伸,途经肖堰镇的高坪、板桥镇的苏家湾、雷坪乡的茅山坪至峡口镇的刘家山。第一级阶梯群山耸立,大多为海拔800~1 200米的中山,约占全县总面积的17.6%。在襄阳市境内,山体的最高海拔位于保康县内,海拔2 000米。

鄂西北境内除秦岭、荆山两大山系外,二者之间还有以襄阳市、随州市、枣阳市为核心的南阳盆地。南阳盆地是一个封闭的单元,北、南边靠着大巴山余脉,西边依着秦岭。整个盆地主要由湖北的襄阳市和河南的南阳市组成,这两个市分别扼守南阳盆地南、北两个主要出口。随州市和枣阳市位于大洪山和桐柏山之间,两山之间形成狭长的走廊,这条走廊连接着南阳盆地和两湖盆地,成为交流的枢纽。

1.1.3　自然资源

鄂西北地区境内有耕地288.9万亩❶林业用地2 372万亩,约占全省总面积的1/5,森林覆盖率为35.2%,草地面积约为1 425万亩,其中10万亩以上的连片草场有18处。

鄂西北地区的水系较为发达,境内的汉江为长江最长的支流,向东南穿越秦巴山地,流经陕南和鄂西北丹江水库,出水库后继续向东南流,流经襄阳市,在武汉市汇入长江。汉江全长1 577千米,流域面积15.9万平方千米。汉水河道曲折,自古有"曲莫如汉"之说。除汉江外,鄂西北境内还有堵河及丹江口水库。千百年来,汉江和堵河已经成为鄂西北人民的母亲河。可以说,汉江、堵河水系孕育了鄂西北丰富而独特的地方文化,同时为当地带来了数以百

---

❶　1亩=1/15公顷≈666.67平方米,全书同。

万计的电能和清洁水源。由于鄂西北水利资源丰富,这里也成为国家实施南水北调中线工程的水源地。

1.2　气　候

鄂西北地区气候属于北亚热带季风气候,夏热冬冷、春秋季短、冬夏季长、四季分明。春季升温和秋季降温都很迅速,且幅度较大;年平均气温为15 ℃,年平均日照时数为 1 655~1 958 小时,无霜期 200~250 天;年平均降水量在 800 毫米以上,山地年平均降水量随着海拔的上升而增加;6—8 月是农作物和大多数野生植物生长最旺盛且需水量最大的时期,亦是本地区全年雨水最丰富的时期,7—8 月降水量一般都在 100 毫米以上,受到海拔、坡向等地形地貌因素的影响,鄂西北地区的气候复杂,素有“高一丈,不一样”“阴阳坡,差得多”的民间说法。气候复杂带来了多样性的天气,灾害性天气频发,其中干旱居首,出现概率一般大于 80%,多发生在 7—8 月。

在明清气候寒冷期,鄂西北的气候状况以寒冷居多,且寒冷程度加大,适于生产的季节缩短,“山内气候,有与外间不同者,南山、大巴山、团城之属,积雪至夏初方消,至八九月间,又霏霏下雪矣。十月以后,土结成冰,坚滑不可行。陟高者用锄挖磴,扳援树枝而上”。阴历八九月即飞雪结冰,于现代鄂西北殊不可见。气候寒冷于农事影响较大,“溪河两岸早麦,三月已有熟者,低山之麦,以五月熟;高山之麦,则六七月始熟。苞谷种平原山沟者,六月底可摘食,低山熟以八九月,高山之熟,则在十月,苞谷既熟,其穗倒垂,经历霜雪,则粒更坚实。山民无仓收贮,往往旋摘旋食”。由此可见,明清时期鄂西北地区气候条件不佳,不利于农业生产。

1.3　植　被

鄂西北地区的植被,属于较典型的华中亚热带林,“华中、西南亚热带林包括广义的秦岭、大巴山、四川盆地、贵州高原、江南山地丘陵、浙闽山地丘陵、南岭山地、两广山地北部、长江中下游平原及云南高原北部和中部、青藏高原东南部等地。这一地区在距今 8 000 年前以栲属、冬青属、杨梅属等常绿阔叶林和松、杉等常绿针叶林为主,并杂有少数枫香、柳、乌桕等属落叶阔叶混交林。距今 5 000 多年前,平原是落叶阔叶与常绿阔叶混交林,还有水生、沼泽等植被存在;附近山地丘陵由松属组成森林。乔木以铁杉、栎、枫香、桦、冬青、榆、柳等属为多,还有杉科、柏、枫杨、桤木、漆、栲、乌桕、油桐等属;灌木有蔷薇科、大戟属等;蕨类以水龙骨最多,里白属次之,还有海金沙、凤尾蕨等属,反映出"南北过渡"类型特点。

1.4 历史文化背景

1.4.1 人文环境

鄂西北地区山体众多,交通不便的地理环境造成了与外界的封闭隔绝。在地形复杂的山地,虽然沟谷纵横,交通不便,但是山区地广人稀、资源丰富、易于生存,统治者的力量也比较薄弱,居民处于一个相对安全和稳定的社会环境中,因此当地的居民世世代代过着自给自足的生活,较少与外界交流。又因为同样的原因,在历史上诸多战乱时期,这里又成了百姓逃避战乱和统治者压迫的理想之地,更成了统治者废黜宗室、诸侯王和其他朝廷官员的重要流放地。此外,明末清初的人口迁移也成就了著名的"随枣走廊"。

鄂西北地区人口的变迁带来了该地区文化的交流、融合。秦始皇在统一六国的过程中,将六国国君、公族及秦国罪人迁入内地闭塞地区,主要在房陵。西汉也与秦代一样,继续将房陵和上庸作为有罪废黜的诸侯王的流放地。这样做的依据是"古者废放之人屏于远方,不及以政",其真正的原因在于房陵、上庸地处崇山峻岭之间,交通不便,与世隔绝,本地人口少,将废黜的诸侯王置于此地,可严密监视,也可以断绝其与外界的联系,便于朝廷的管理。同时,这两处又都在汉代内地,囚禁对象不易与外部的敌对势力交往。这些主动或者被动来自全国各地的不同人群,带着他们的生产技术在此定居、生活、繁衍,慢慢融入当地,与当地原有居民共同奠定了这一地区经济发展和人口繁衍的基础,而且他们带来的各种风格的文化也在本土化过程中,逐渐在当地形成了多元地方文化。

1.4.2 历史沿革

上溯到史前时期,汉水流域一直是仰韶文化及龙山文化传播的边缘地带,故其文化的发展也呈边缘性。从夏商周开始,由于在空间上受到远离政治文化中心的距离限制,鄂西北地区在不同朝代都属于当时全国政治、经济、文化中心之外的边缘地区。

明代以前,鄂西北地区也未有统一的行政区域划分,分区较为混乱,且多处于政治区域的边缘地带。鄂西北地区文化历史上的第一个辉煌时期在商周至春秋时期,该时期是其历史上第一次民族迁入、融合的高峰期,此时彭、庸、麇等部族迁入,与当地土著居民融合,建立了彭国、庸国、麇国,孕育出了鄂西北的古代文化。其中庸国最为强大,成为鄂西北地区政治中心的代表,并与楚国有着密切联系。公元前 611 年,楚灭庸之后,楚国继承了鄂西北地区的人民和文化,使得鄂西北地区成为楚文化的源头之一。鄂西北地区政治文化发展的第二个高峰在明代郧阳政府建立之后。此时,鄂西北地区第一次拥有统一的行政区域划分,奠定了特殊的政治、军事地位。在此环境下,鄂西北地区人口数量和经济发展都得到了明显提升,城镇的建设和对教育文化的重视,也直接影响了当时民风、民俗的改变,在这个时期,人才辈出,为鄂西北地区的文化繁荣做出了巨大贡献。同时,武当山道教文化的兴盛对鄂西北地区的政治、经济和文化起到了强烈的推动作用。明末清初的社会动荡及清代对道教的不重视,使鄂西北地区在明代时的区域政治中心地位也逐渐消失,但清政府为了稳定社会秩序,采取了一系列的政策,给鄂西北地区的发展带来了新的动力。

中国在鸦片战争之后进入了半殖民半封建地社会,鄂西北地区因为之前土地的过度开垦、森林资源的萎缩,加上地理位置相对闭塞,农业经济停滞不前,最终形成著名的秦巴山地生态恶化贫困区。明清时期鄂西北地区经济发展及其带来的消极后果,对近代乃至现代鄂西北地区社会经济的发展都产生了深刻的影响。

1.4.3　社会经济发展状况

《史记·货殖列传》说:"楚越之地,地广人稀,饭稻羹鱼,或火耕而水耨……"鄂西北一带大约也不出此范围。随着彭、庸、麇等来自中原的部落相继进入,带来当时相对发达的中原农耕技术和文化,使得这一地区的经济水平有了较大的提高。进入西周,最迟在宣王时期,随着周王朝向东部进行开疆拓土,这一带的社会经济也得到了相应的发展。从《诗经》中的《大雅·江汉》中所表现的内容——"江汉之浒,王命召虎。式辟四方,彻我疆土"可以断定,这一时期,周王朝已经对江汉地区开始了大规模的农业开发。仅以庸国而言,曾参与武王伐纣,商末周初即为很有影响力的方国,如果没有强大的经济基础做后盾,是不可能有这样的军事实力的。庸国在相当长的时间里,其农业生产和整个社会经济水平是比较先进的。同时,庸人很有可能从中原带来了在当时比较先进的筑城技术。有学者对此进行了考证,并进一步指出:庸的古篆文、甲骨文都是城郭之形,所以庸人来自"建筑大国",特别对筑城有可称之处,肯定对远古以来中原邑聚之形成做出过贡献。随着庸国、麇国相继被灭,楚国的中心向东、向北(中原)发展,这里成为秦楚之交的边缘地带,经济和文化水平自秦汉之世逐渐落后,社会发展进入缓慢时期,直到明代才迎来了又一次大规模经济开发的机遇。

由流民所引发的山区经济开发热潮中,以郧阳府为核心的鄂西北及周边地区是热点地区之一,也是经济发展速度较快的地区之一,同时也处于鄂西北历史上经济发展和人口增长速度最快的时期,由于处置流民政策得当,为地方经济、文化等各方面的恢复和发展创造了一个良好的社会环境。成化八年(1472 年)到正德七年(1512 年)是郧阳山区人口和土地增长最快的时期。在40 年的时间里,郧阳山区的人口比建府之前增加了两倍,超过了 11 万,所开发的土地面积也增加了一倍多,达到了 32 万多亩,此后的人口变动趋于平稳,至明末万历年间,基本保持了正德七年 11.7 万人左右的水平。这说明在明政府解除封禁、减轻赋役、鼓励生产的政策之下,农民的生产积极性空前高涨,推动了以农业为主的山区经济的迅速发展。与农业经济的进步与发展紧密相关的是当地各级官员长期致力于水利灌溉设施的建设,尤其在明代中后期,郧阳府的水利建设成就十分突出。明代,对整个湘鄂西山区的开发,就是先由鄂西北开始的,自此至明末,鄂西北的经济水平在西部山区当属最高。万历《湖广总志》卷三十二《水利志》记载湘鄂西山区陂塘堰水利灌溉工程共 205 处,鄂西北就有 64 处,占 30%以上。明代,鄂西北山地麦、荞麦、旱稻等旱作农业比重最大,而在各县的近城平坝地及丘陵、低山地区,土地开发和水利建设较早,农业生产以水稻种植为主,经济水平也最高。稻作农业的水平决定了各县经济地位的高低。房县的盆地稻作农业最发达,"邑南有稻田万余亩,号为肥饶……灌溉以时,则倍收他田"。新设各县也发展很快,郧西县"崇山峻岭,道路崎岖,而山岭之下多成平坝,居民开成水田,连阡逾陌,故其产谷较胜洵阳、山阳诸邑",竹山、竹溪"两邑风土略似,民勤稼穑,于山湾溪角,尽垦水田,其平原之中,锦塍相接,故其米谷之饶,洵阳、白河客民亦借资焉"。各类经济作物也有很大的普及。

1.4.4　基础设施建设

鄂西北全域自郧阳府设立伊始,府县两级就进行了大规模的城镇建设工程,原无城者新建,旧有城者扩建,此后,各城都有扩建、重建。成化年间所建多为土城,后多在重修和扩建过程中代之以砖石。据康熙《郧阳府志·城池》记载,成化十二年(1476 年),府治所在地郧县在原筑土墙的基础上,都御史原杰"恢拓之,筑以砖石,周围八百余丈,高二丈五尺,为门四"。嘉靖三十六年(1557 年)和嘉靖四十五年(1566 年)先后两次扩建,"城墙高二丈一尺,厚一丈八尺。城上为窝铺二十,为门楼七,为瓮城楼三,为角楼一,而规制始备矣"。城内的街道、集市、祠堂、庙坛,以及府、县各机构的排布都井然有序。

郧阳建府后,以郧县为中心修筑了四条通向外省的道路,一条通往陕南汉中,一条通往陕西西安,一条通往河南南阳,一条通往四川保宁、夔州。这些大道平阔地段宽一丈❶五尺❷,险狭之处亦宽六七尺,沿途"增置铺舍,疏凿险阻,今商旅络绎不绝,公文四达无留,居民乐业,政令流通"。郧县(现郧阳区,下同)、房县、竹山、上津四县明初就建有铺舍,各铺配有铺兵若干名。成化年间又有增设,3 个新县亦于设府后建起了铺舍。至嘉靖年间,各县铺舍有 87 处之多,每铺间隔距离在 25～50 里❸不等,这一时期,郧阳府的道路网络建设已相当完善,为各地的便捷交流提供了必要条件。

1.4.5　文化教育事业发展

因为历任官员的重视和努力,郧阳府的文化教育事业也获得了长足的发展。郧县、上津、竹山、房县在明初设立了县学,成化十二年,开设湖广郧阳府,升郧县学为郧阳府学。竹溪、郧西于成化年间、保康于弘治年间先后建起了县学。各县学亦多有重修或迁建之事。由于历史原因,郧阳府学缺少教师,于是聘请"荆襄、汉中、南阳饱学之士,讲习课业",甚至还"延请吴楚名士教之",这一时期,郧阳府先后建立了三座书院。正德十年(1515 年),知府王震在府治北创立了五贤书院。嘉靖二十六年(1547 年),抚治于湛在府治东北建郧山书院。万历三十五年(1607 年)正月,提督军务兼抚治郧阳等处右金都御史黄纪贤与王嗣美等捐资建龙门书院。清人汪𬤜在《巫表先贤》记道,龙门书院"招郧、荆、襄、汉中、南阳多士肄业其中,一时人才最盛。如陕西解元罗士济,襄阳给事汪士亨,南阳翰林马之奇、马之俊,皆出其门"。"其文教最著,同于黄公者,得江南歙县汪公道昆,字伯玉,隆庆庚午(1570 年)抚治郧阳,以奖励人才为先,一时家传户诵"。明代大文学家王世贞"万历甲戌(1574 年)抚治郧阳,购书数百卷,辟清美堂贮其中,以诱后进",徐学谟"万历时抚治郧阳"。

文化教育事业的发展催生了大量人才。据嘉靖《湖广图经志书》、同治

❶　1 丈≈3.333 米,全书同。
❷　1 尺≈0.333 米,全书同。
❸　1 里＝500 米,全书同。

《郧县志》,明代郧阳府共有进士11人,其中有9人在建立郧阳府以后中进士;共有举人63人,成化年前有23名举人,其中20名集中在永乐年间,成化后各县举人数量为40名。可见成化年后,无论是进士还是举人,在数量上都远超过从前,表明鄂西北地区文化教育事业的建设成效十分显著。

教育的逐步普及,对民众素质的提高和民风、民俗的变迁,社会风气的改变,起到了潜移默化的作用。据康熙《郧阳府志·风俗》记载,郧阳府,"昔多劲悍决裂之习,迩知礼义廉耻之风","民多秦音,俗尚楚歌,男力于耕,女力于织,有古淳朴风,但信鬼不药,惟知务农,渐因流寓鳞集,以至风俗侈靡。自创府以来,礼乐兴行,士风丕变"。郧西县,"四方寓处,纯梗相半,迩则人知向学,科目渐盛……自经郡治文化,习有文物之风"。竹溪县从过去"民务农而少学,依山而居,绩纺而衣",也变得"迩来风气渐开,咸知敦本积学,儒风日盛";保康县亦是"迩来朴而秀,野而文,豪杰慕义之辈如日之升"。到了正德年间,郧阳已是"弦诵洋洋,文教行焉,桑麻郁郁,田野辟焉"。

教育的发展也有效促进了鄂西北地区官员群体的扩大,明代郧阳府的历任抚治有104人,在《明史》中有传的有20余人,其中有原杰、吴道宏、戴珊、王以旂、孙应鳌、凌云翼、李材、萧彦、蔡复一、蒋允仪、卢象升等比较有名的朝臣,更有王世贞、汪道昆等一代文豪,加上郧阳府和各县中涌现出的比较杰出的官员,他们中的绝大部分不仅以其勤谨和智慧促进了鄂西北社会的发展,也以他们的文采和知识,使这里变得"礼乐兴行,士风丕变",进入了一个人文荟萃的文化繁荣时期。此外,由于他们在朝廷中具有一定的地位,同时也具备良好的人脉,使得郧阳府及其有关事件在当时的影响是比较大的。列传中与郧阳府历史有关的各类人物也有数十人,如于谦、白圭、项忠、余子俊、王恕、周洪谟、韩文、郭正域、陆杰、李自成、张献忠、杨嗣昌、熊文灿、高斗枢、左良玉、李时珍、徐霞客等,他们以参与的不同的经济、文化活动,在所从业的不同领域,以不同的载体和形式融汇进入这一时期鄂西北地区的历史与文化之中。

1.4.6　移民活动

鄂西北地区从先秦时期就开始有移民出现,从商代开始,原三苗之地迁入了一些其他民族,十堰地区有庸、麇、绞、濮等民族,从此打开了鄂西北地区的移民篇章。公元前1046年武王伐纣,庸国作为实力最雄厚的方国,为武王立下赫赫战功,于是在战争结束之后,武王给庸人分封了商都南畿之地(今河南省新乡市西南三十二里地)。在楚灭庸、麇、绞国后,鄂西北十堰境内的人口急剧减少,于是楚国从周边地区迁入了大量民众填补缺口,军民的进入给抵御外敌提供了保障,同时也带动了十堰地区的经济和文化发展。公元前 221 年秦始皇统一六国,在秦国残酷的奴役剥削政策下,大批民众选择逃往秦巴山区,由于房陵地理环境优越,能够满足上层人物流放时期的生活,因此十堰也成为当时国家主要的流放地区。无论是上层流放人员还是不堪重负的劳役百姓,他们的迁入都给鄂西北地区的十堰带来了新的文化气息,也促进了经济的发展。

鄂西北地区历史上有五次移民高潮,明清时期是第四次也是规模最大的一次移民浪潮。明末政治动荡、经济衰退,农民赋税加重,苦不堪言,人民扶老携幼寻求安身之处,流民人数急剧增加,大部分流民选择了进入山区,陕、豫、川、鄂四省交界的秦巴山区因其优越的地域条件成为流民的首要选择。如此大量的流民进山,为了保证原籍农民数量和防止水流民群居为害,明代的统治者甚至采取禁山政策。明代初期,高岱《鸿酸录》中《开设郧阳》卷记载:"郧在古为麋国……元至正间,'流通,作乱,元祚终,竟不能制,国初命邓愈以大兵剿除之,空其地',禁'流民',不得入"。朝廷政府在明初采取高压,用武装镇压等各种方式驱赶鄂西北山区的农民。为了实现生存,由各地集结的农民不断发起武装斗争,其中就爆发了两次非常大规模的起义,但最终都失败了。在镇压起义时,明政府大肆屠杀山区农民,地区的人口也因此大大减少,劳动力缺乏,山区的开发程度大大降低。明成化十二年,政府在山区设置了郧阳府,其中修筑的三条主要的道路都以郧阳为起点,分别抵达汉中、西安、南阳,中途"增置铺舍,疏凿险阻",不仅密切了鄂西北山区与相邻地区之间的联系,有助于地区开发,还加强了中央对该地方的控制权。

"西扼秦蜀,东捍唐邓,南制荆襄,北连商洛"使鄂西北地区成了兵家必争之地。明末清初,鄂西北山区战争已持续了十年之久,先是明末的农民起义,农民军和明政府军的拉锯战在山区激烈进行;清初,夔东十三家义军据川东鄂西反清;然后,三藩起事;后来,川将禅洪(原为明将降清,后又响应吴三桂反清)又进攻郧阳。山区常年战争不断,战后郧阳所属六县的居民不满四千,而房县的编户才一百七十户,竹山的遗民"不及十之一,又皆散栖山塞,荆棒满地,野无炊烟",竹溪是"野无三户之村,村无半络之蓄"。清初,由于山区封建剥削减轻,且地广人稀,成为破产农民在灾荒年月的逃亡首选之所。清初之后,山区的局势较为安定,恢复且发展了农业经济。

历经多次移民浪潮的冲击之后,鄂西北地区的十堰市人口基本以移民为主。《文献通考》记载说:"昔户口稀少,且非土著,皆江南狭乡百姓扶老携幼而来。"清代文献说:"此地从来无土著,九分商贾一分民。"并注"一分民亦别处之落籍者","本乡人少异乡人多"。

在鄂西北襄阳地区,荆襄流民亦是移民队伍中庞大的一支,这一群体的活动影响着当地的生产和生活。荆襄地区原本被朝廷封禁,但在永乐之后被打破,"正统二年,岁饥,民徙入,不可禁,聚众既多,罔禀约束,其中巧黠者稍稍相雄长"。从此大批流民涌入荆襄地区。到了天顺、成化年间,游民数量越来越庞大,巡抚荆襄的右副都御史杨竣说"荆襄安沔之间流民不下百万"。荆襄地区成为当时最大的流民聚集地。成化初年,聚集的流民已达150余万。他们"食地利而不输租赋,旷丁力而不应差徭役,弃故乡而不听招回,往他乡而不从约束",过着背井离乡,但也相对安宁的生活。在荆襄流民群体中,产生了板桥镇的四大姓氏——冯、边、陶、王,他们遵从"耕读传家"的古训,耕种生活,繁衍生息。

清代后期,鄂西北山区土壤贫瘠,水利不修,人地矛盾较为突出,农业经济停滞,移民逐渐外迁。

第 2 章　鄂西北地区传统民居的基本状况

　　传统民居,一般指用于居住的建筑,是普通民众的居住场所,是各地区的人民在历史发展过程中自发创造并传承下来的,它区别于普通的现代建筑和官式建筑,具有鲜明的地域特色。传统民居的建造受到地理环境、社会经济状况、生产力水平等因素的制约,在各地的分布和遗存情况差异较大。

　　鄂西北地区受气候、地理及文化各方面因素的影响,同时受外来移民文化的冲击,形成了大量与其他地区既有联系又有区别的文化习惯及宗教信仰,人们根据自身的生活需要和对文化的理解,因地制宜地建造了大量具有鲜明地方特色又兼有南北风格的民居。大量传统民居遗存相对完好,主要分布在十堰境内各县域及襄阳南漳县境内。

2.1　鄂西北地区传统民居的概况

2.1.1　十堰地区传统民居概况

　　十堰地区受气候及地理条件的影响和制约,又受到移民文化的冲击,形成了与其他地区既有联系又有差异的民风民俗和生活习惯,人们根据在生活中对文化的理解、对审美的取向、对功能的需求,建成了大量适应当地文化习惯的传统民居。十堰传统民居与社会发展、历史传统、文化传承、民族民风紧密相联,同时在当时的儒道、朴素地理学等思想的指引下,呈现出丰富多彩的发展特点。

　　首先,在建筑材料与建筑方式方面,十堰地处过渡性的地理环境,为民居建造提供了多种材料。整个鄂西北地区山地面积广阔,森林资源丰富。传统民居的建筑材料基本取自大自然,以竹木、土坯砖、石材为主。

　　其次,从民居样式看,由于整个湖北地区建筑大多融南北建筑风格于一体,鄂西北所见的民居形制大多受到北方四合院的影响,以间为基本单位,围合成一进到多进院落,且基本呈中轴对称布局,体现主从礼制及尊卑关系。十堰传统民居虽然在形制上沿袭的是北方四合院,但是在此基础上受多方面因素影响有所变化:外墙高大,除檐口外基本不加粉饰,很少开窗,用清水青砖构筑。为适应鄂西北多山的地形,房宅通常筑台而建,山野中的民居则抬高勒脚;造型上最典型的特征就是运用风火山墙,风火山墙造型多样,无论是院落民宅还是大户人家的庄园都无一例外地采用这种顶部墙体收口处理;建筑的空间关系显示出中原地区传统建筑的沉稳厚重,而建筑造型及细部构件的处理又融入了南方民居的纤细柔和与精美华丽,如大门入口抱鼓石、木柱子的柱础、厅堂的门窗、栏杆、额枋节点处多以植物、动物等纹饰作装饰,房宅内部的院落也不完全与北方相同,不一定为争取阳光而做得宽大,更多的是为适应气候建成小天井。再如大门的式样也有门牌式、门楼式、门斗式等,可谓融合了多种风格,形成了鄂西北民居的地域特色(见图2-1)。

图2-1 十堰丹江口饶氏庄园

　　从建筑选址上看,十堰传统民居多受传统建造观的影响,境内传统场、镇,甚至传统村落多选择在负阴抱阳、背山面水的地方。例如:十堰黄龙镇全镇前街、后街、上街、河街四条古街共同构成了黄龙镇的道路网,黄龙镇背靠大山,场、镇前的堵河是汉江最大的支流,四条古街道垂直于堵河布置,符合商人"聚财、纳气"的心理与愿望(见图2-2);传统居民住宅多选择在临渊背山、高敞开阔的地方建筑;每进院落设台基,寓意步步高升;朝向上以坐北朝南为主,也有根据实际地形,打破常规,将大门朝向东南,取意"紫气东来",部分建筑有意改变朝向,这样可以使大门框取到特殊的景物,实现良好的景观视野。但不管建筑朝向怎样,都要保证大门正前不能有阻挡,如果建筑前正对一座山峰,那么就会将门斜置。建筑布局上亦受到传统建筑与环境协调思想的影响,与"左青龙,右白虎,前朱雀,后玄武"地理选址模式相合。此外,建筑左右两边山峰的高低也是建筑基址朝向选择的重要参考条件,有民谚说:"不怕青龙高万丈,就怕白虎抬头望",意思是左边的山一定要高出右侧山峰,否则对居民大不利。这些建筑选址的忌讳,注意对自然条件的选择利用,与中国传统建筑选址思想是吻合的。

图2-2　黄龙镇古建筑群整体布局

　　据使用功能的不同,十堰地区的传统民居可分为商住混用型民居和纯居住型民居。商住混用型民居主要分布在集镇空间,商铺街屋为典型代表,兼顾"住"与"商",多采用"前店后宅"布局(见图2-3)。

　　纯居住型民居基本可以分为两种类型,即连间式和天井院式(见图2-4),连间式布局是十堰地区常见的民居形式,经济状况较好的官商才能建造天井院式的民居。十堰地区现存传统民居520余处。其中,比较有代表性的有:丹

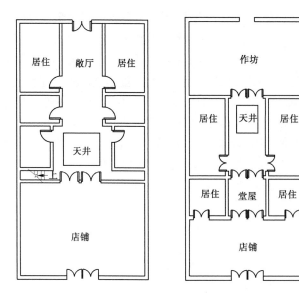

图 2-3　街屋"前店后宅"典型布局

江口市 92 处,郧阳区 144 处,郧西县 78 处,竹山县 65 处,竹溪县 41 处,房县 88 处,十堰 10 处,武当山 2 处。保存比较好的传统民居有:郧阳区的李家大屋、徐大章老屋;丹江口市的刘家老宅、夏家大院中院、赵氏老宅;郧西县的柯家祠堂、汪氏宗祠、祝家庄园、梁家东西院、樊家院、周家大院;房县的刘家祠堂、朱家祠堂、彭家鸿祠堂、曹家大院、谭家大院;竹山县的陈氏宗祠、三盛院、高家花屋、杨家老屋;竹溪县的敖家宗祠、龚氏宗祠、翁家庄院、张家大院;十堰市区的徐家祠堂、柯家院、黄龙镇传统民居群等。

2.1.2　南漳县传统民居概况

　　南漳县隶属于鄂西北地区的襄阳市,其民间文化异彩缤纷,古民居、古山寨、民俗资源丰富,自古民风敦厚,古风古俗被古色古香地传承至今。原汁原味、不事雕琢的民俗节目如端公舞、沮水鸣音、垦荒锣鼓、东巩高跷、闹年锣鼓、秧草歌等被学者一致赞誉的"落后的"古代经典文化艺术作品进入了现代的"人间天堂",这些民间文化多为祭祀活动,表达人们对上天的祈祷,渴望来年谷物丰收。这些民俗活动以艺术的形式传递出人们的社会心态和美好愿景。而民居建筑作为民间文化的一部分,把民间文化带到了建筑的设计装饰中,同样可以反映出一个时代人们的审美情趣和文化心理。在南漳民居中,建筑局部的石雕、木雕及彩绘的主题多为神话故事涉及的人物或花草植物等,这同样

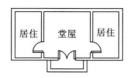

(a)连间式平面

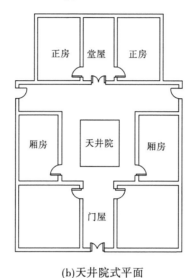

(b)天井院式平面

图2-4 纯居住型建筑平面布局

体现了人们的美好心愿。

南漳县现存的古民居,以明清时期居多,大约有76处。其中,兴建于唐代的五龙观、柏香寺,距今已有千余年历史;明清时代的建筑物文笔峰塔、老县衙位居南漳县城郊,如今是水镜庄的配套景点;荆山古民居位于"世外桃源"般的大山之中,房龄大多在数百年以上。

南漳县的传统民居主要分布于板桥镇、巡检镇、薛坪镇、东巩镇。其中,板桥镇的冯哲夫民居、夹马寨民居、焦家湾民居、陶氏民居、陶家祠堂,巡检镇漫云古村落的民居建筑群、东巩麻城河村的陈家老屋、口泉村的蔡家老屋等保存比较完好。

南漳县最负盛名的古民居群位于板桥镇,遗存有明清古民居建筑物22处,总面积2.8万余平方米,包括鞠家湾冯氏民居、冯家湾王氏民居、焦家湾陶氏民居、夹马寨张氏民居及边家湾民居等。

如果从家族聚集层面来分析南漳县传统民居的分布情况,可以发现,南漳民居以家族型为主,且主要以冯氏和陶氏两大姓氏为代表。据记载,在五百多年以前,板桥还属于野岭荒山、人烟稀少的不毛之地。到了明成化年间(1465—1487年),冯氏家族和陶氏家族同时分别从陕西凤翔和河南确山迁移至南漳,各自落籍南漳板桥的潮水河和凉泉的老湾(陶家寨),形成了北冯南陶的雄踞之势;而南漳县薛坪镇以陈氏为主,为陈氏三兄弟所居。陈家原本祖居江西,以造纸为生,擅于经商,后因躲避战乱(太平天国起义)而迁居湖北咸宁,其后一支转迁于南漳长坪的冷水河(属蛮河水系),陈家老屋变位于此,清代末期再迁到漳河、葛公等河流上游。由于这里水源丰富,石灰石密布,河谷中盛产毛竹(行家称为"麻"),其祖先迁居此后,便世代以造纸为业,沿袭至今已有数百年历史了。巡检镇主要以杨氏、王氏两大姓氏为主。此外,南漳传统民居还有其他三十多个姓氏杂居在这五大姓氏之中,其中不乏各大姓氏的祠堂和墓地。可见,南漳传统民居的聚落主要是以血缘关系而形成的血缘宗族式聚落,在后期发展过程中逐渐转变为地缘型聚落,在聚落基础上逐渐萌芽产生了传统民居。

2.2 鄂西北地区传统聚落及民居的典型代表

2.2.1 襄阳南漳县巡检镇漫云古村

漫云古村地处南漳县巡检镇,在唐代末年就有马姓家族在此繁衍,算是在南漳的大山之中开垦了一席之地,但后来马家没落,漫云变成衰败荒凉之地。直到明代末年,多地难民迁入,以熬氏家族为代表的移民在此垦殖建房,繁衍生息。古村依山傍水,东面为漳河,其他方位均为陡峭的山峰(见图2-5)。村内的民居建筑坐北朝南,布局灵活,建造在山脚下,民居单体选址并不能完全实现"山环水抱",各自都有倚靠的山体,但是未必有门前的水流。各栋民居基本面向开阔的坪地,借助于古村落的布局自得其趣(见图2-6)。就漫云古村落而言,古民居大多集中建造,建筑之间彼此相通,便于族人交流,同时便于家族内部的人员逃生,少量的民居呈散点分布。

2.2.2 襄阳南漳县板桥镇传统民居

板桥镇位于南漳县高山之间,鄂西北地区的襄阳传统民居主要以高海拔地区的南漳县板桥镇为代表,一直有"襄阳民居看南漳,南漳民居看板桥"之说。

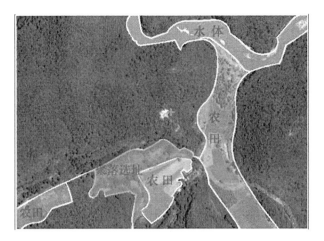

图 2-5 漫云古村落选址

图 2-6 漫云古民居选址

板桥镇内的民居选址依然严格遵循朴素的建筑选址思想,做到房屋坐北朝南,背面靠山。但板桥镇平均海拔 1 000 多米,低处的漳河水不能得到有效利用,因此民居选址时需要结合当地的实际情况。板桥民居的典型代表必属冯氏民居,早年为冯哲夫家族居住。冯氏民居位于如今的板桥镇新集村,其选址紧邻山麓,毗邻交通要道。周边虽无大面积水体,但建筑坐北朝南,门口前面有一片平坦的良田和一眼古井(见图 2-7)。不远处的冯家湾民居亦是如此,还有分布于雷坪村的陶氏民居基本呈现相似的选址特点。从民居单体的分布上来看,板桥镇境内的古民居呈散点分布,单栋民居自成体系,在民居建筑内部实现家族血脉关系的传承与发展,这与漫云古村民居的布局有所不同。

在板桥的雷坪村,以陶姓家族为代表的传统建筑亦很典型。村内建筑主

图 2-7　板桥冯氏民居选址

要沿村级道路呈线形分布,自西向东分别是陶筑伦民居、陶邵初民居、陶述照民居、陶匡伦民居,皆建于清中后期,民居规模较大,功能合理,风格独特,工艺精美。雷坪村的民居平面沿中轴线从前至后布置有前厅、中厅(有些民居没有)、堂屋,轴线两侧是东西厢房。前厅和中厅不设置门窗,内部明亮宽敞,是日常家人进餐、聚会、做农活和做家务的场所,后堂是举行祭祖及婚丧嫁娶等仪式的场所,东西厢房及二楼为卧室,二楼也可用作农作物储藏空间。房屋围绕天井院布置,民居从外观看封闭内向,但天井院内部则开放而活泼,是整栋建筑的核心空间。房屋的采光、通风、排水都是通过天井解决的,天井将顶部的自然景色引进建筑内部,形成半室外半室内的灰空间,丰富了民居的空间层次。

建筑从前至后,各部分层层递进,逐进抬高,形成内外有别、尊卑有序的空间秩序。堂屋位于中轴线末端和最高处,统领全局,是建筑最重要的精神空间,祖先牌位供奉于此,接受后世子孙的尊崇和祭拜;婚丧寿喜及家族重大事务在此进行,族长或长辈在此行使族权。建筑布局体现了重视家庭伦理的儒家宗法制度。雷坪村焦家湾民居平面见图 2-8。

民居在建造时充分考虑自然因素,顺应地形,随山就势。从前厅、过厅到堂屋,逐级抬高。荆山区域平地稀少,需要将大片平地用于农耕,民居由于功能的需要,多建于地势高敞之地,其依山而建,为了留出门前较大的场院,往往需要开山劈石,拓宽基地,建设成本往往是平地建房的十数倍,房屋建造需要十几年时间才可完成。为了节省土方量,工匠们将各进房屋地势逐级抬高,形成层层升高、主从有序的空间序列(见图 2-9)。

在建筑材料的选用上,主要采用当地的土、石、木、砖等材料建造,基础及

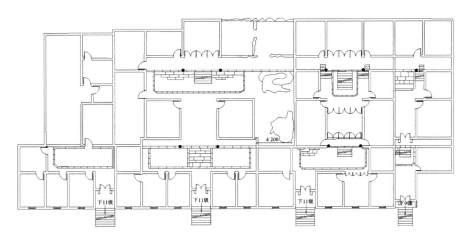

图2-8 雷坪村焦家湾民居平面

图2-9 雷坪村焦家湾居民整体形象

墙体勒脚均用条石砌筑,条石打凿方正,条石间以桐油和石灰勾缝,咬合紧密;条石以上青砖实砌。内室采用抬梁式、穿斗式木结构,屋面铺设布瓦;地面用青砖或青石铺筑,并用桐油和石灰清缝,几百年来主体结构完好无损。

雷坪村民居的石结构施工和雕刻技艺高超,在鄂西北地区自成体系。荆山山区石材丰富,是建筑的主要选材之一。用石材砌筑墙体,坚固耐用,防盗防火,是山区建房的首选。山区匠人娴熟地掌握了石材加工、砌筑和雕刻技艺,石砌墙体严丝合缝、石雕人物及动物花草栩栩如生,形成鲜明的风格。但山区人手少,开采石材后运输困难、加工耗时,石活工程可能耗时三年才可完成,故一般只有大户人家才会选用石材砌筑墙体。

雷坪村地处高海拔山区,属喀斯特地貌(岩溶地貌),水资源相对缺乏,人均耕地面积较少,人居环境并不佳,但荆山先民因地制宜,尊重自然,并巧妙利用自然,他们通过对荆山自然环境的深入了解和把握,因地制宜地营建村落和民居,创造性地解决村落和建筑的适用、安全和美观问题,形成了与荆山自然环境高度适应的村落和民居形式,是荆山山区传统村落及民居的代表。

2.2.3　十堰地区的传统聚落及民居

十堰地区由于其南北交融的地理位置,除纯居住民居外,在长期的经济文化活动中发展衍生出商用型民居,即街屋式民居。街屋根据各家经营形式的不同略有区别,有前店后宅式和前店后坊式。前店后宅式是十堰地区商贸型聚落的主要民居形式。因该类住宅功能需求明确,所以很少见非规则平面布局方式,又因商业地区用地紧张,需要高密度的紧凑开放空间,所以街屋又彼此紧密相连,这对于山区中高效利用平地资源来说是十分经济实用的住宅形式。此外,店主人把所售商品敞开陈列,使顾客能够一目了然地看到有无自己需要的商品种类,进而吸引顾客进门挑选,就自然形成了以经营和生活为主要目的的商、住两种功能共存的前店后宅式民居。

十堰地区多山地,平地在商业区内更是寸土寸金,为了高效利用街道两旁的土地资源,房屋面宽都不大,一般为三开间,临街即为开敞式店铺,靠近店铺的两侧厢房多为雇工居住,店铺后设居住和杂物间。房屋入口是建造沿纵深方向发展程度的主要影响因素,大户一般为独门独户,小户则以一个天井院为单位,一个天井院即为一户。街屋在平面布局上有天井式的对称布局,也有非对称的偏天井布局。两种形式都是利用天井解决进深方向上的通风、采光问题,同时利用天井将建筑划分为商业和居住两部分空间。除临街店面外,后方居住部分形成一个封闭的整体,其或以狭长的通道为中轴线对称布局,或呈偏天井式布局,各自以院落为中心布置,向纵深处发展,形成二进、三进院落不等。有住户在房屋的后院内根据个人偏好加建茅厕、猪圈等;在店铺与卧房的上方设有阁楼,用于储藏或其他附属功能。沿街墙体多为木板门,少数用砖砌筑,这种建筑形式和建筑材料适应了该地区商业性质、气候条件的选择。因为大部分集市都位于水运便利的地方,防洪显得尤为重要。木板门除便于店铺经营与交易外,还利于泄洪。洪水袭击时可卸去木板,仅留框架受水冲击,洪水退后清除洪水带来的污渍,重新装上木门扇。若有损坏可稍作修葺,又能恢复原样。

十堰地区的纯居住民居根据平面形式的不同,可分为两类。

一种是连间式,一“间”即为一个基本单元,沿面阔方向拼接,平面布局呈“一”字形,开间数根据实际情况而有区别,多数为三开间。连间式布局民居

的诞生,可能是因为房主比较贫困,又或是区域内以山地为主,不适合建造大
面积的房屋,故连间式是十堰地区常见的民居形式。连间式民居明间为堂屋,
其正中靠墙壁位置摆设祖宗牌位,堂屋作为会客、议事、日常就餐、祭祀的地
方,所占面积较大;辅助用房分布两侧,一般为卧室。如果用地不受周边自然
条件的限制,主人可自行砌筑厨房和厕所,也有住户自行用木板将两侧厢房各
隔成差不多大的两间,用作厨房或用作储藏室,也有住户因堂屋较宽敞,将堂
屋也用木板隔开成大小不同的两间,前半间作堂屋,后面小半间作储藏室,这
样虽然表面上看起来只有三间,但是实际上每间都被隔成了两间,共计六间,
称之"明三暗六"(见图 2-10)。

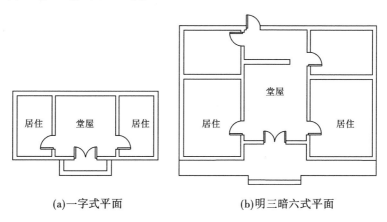

(a)一字式平面　　　　　　　　　　　(b)明三暗六式平面

图 2-10　连间式平面布局

另外一种是"一明两暗半偏厦"的平面布局,是在次间两侧沿其中一侧顺
外墙再建一偏房,这样就有一间位于中部的堂屋、两间位于两侧的房间、半间
加建的厨房(或作其他辅助功能之用)。俗称的"簸箕屋"则是在两侧均加偏
房(见图 2-11)。连间式民居一般都有阁楼,设置于堂屋以外的部分。阁楼的
下层为主要功能空间服务于日常的使用,阁楼的层高较低,很少用于居住,多
用于储藏粮食或堆放材料等,阁楼上下部空间的联系主要靠木制楼梯,部分住
宅内部的木梯与二层楼板整体连接在一起,不可移动。普通住宅中多见的是
可移动的木梯。

虽然连间式民居的规模较小,布局较为简单,但是依然遵循了"居中为
尊"的传统礼制,以堂屋为整栋建筑的中心,作为家庭成员劳作、休憩等活动
用地。其他空间围绕堂屋布置。

纯居住型民居的另一类形式是天井院式,即以天井院为中心,所有房屋形

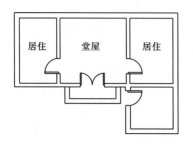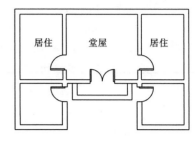

(a)一明两暗半偏厦平面　　　　　　(b)簸箕屋平面

图 2-11　连间式平面变体

成"回"字形平面布局。一般只有经济状况较好的官商,才有条件建造天井院式的住宅。位于一般村落中的四合院式民居一般用地较宽裕,面宽、进深所受限制较小,而市镇上的纯居住建筑若是四合院式,房间则沿进深方向展开,形成面宽小、进深大的狭长形房屋(见图 2-12)。

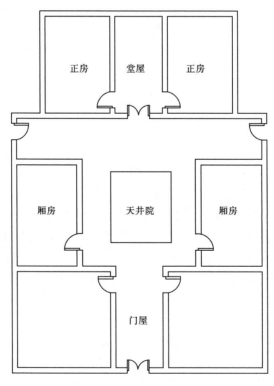

图 2-12　天井院式平面

天井院式民居建筑多为三开间或五开间,形制与北方四合院相似,规模较北方四合院小,平面不一定是对称布局,轴线亦随地形布置相对自由。最显著的特点是以天井院为基本单元,统一规整,既能相互联系,又各自独立互不干扰,层层递进的天井和沿轴线布置的房屋体现出强烈的秩序感、层次感,而以血缘关系为纽带聚居的家族,严格以谱序为次第,按长幼尊卑分配住房,这是传统建筑在平面布局上对中国伦理道德规范和宗法观念的物化体现。根据布局的不同,十堰地区的天井式住宅又有以下三种:

(1)三合院式。

天井由入口、厢房、正房围合而成。基本形制是入口处设门楼或门罩,普通民居中则多为简单带屋顶的衡门形式,富商官宦之家门楼则很考究。正房居中,两侧厢房或作为居室,或作为储藏室和厨房。平面可根据屋主经济、所选地形等情况进行纵横向的发展变化。

(2)四合院式。

明间中间开大门并形成过厅,两侧次间用作厨房或堆放杂物,正房三间至五间不等,两侧各一栋厢房,一间或两间不等,两侧厢房与门屋、正房围合成院。正房与厢房一般不完全相连,而是在正房两侧尽端与厢房连接的垣墙设置偏门。房屋设置阁楼,上层层高较下层低,一般不住人。天井院较室内地面低,院内铺设砖或青石板或卵石,具体情况视当地材料或屋主财力而定。十堰地区普通民居一般只设一个天井院,富商或官宦之家则形成多个天井的宅院。天井院除解决排水、通风、采光等问题外,所形成的半室外空间还为人们进行休憩娱乐提供了理想的场所。

(3)合院并联型。

合院并联型其实是将几个"天井"并排布置,其规模根据家族人口的多少和财力的雄厚程度而定,其中代表性的建筑为竹山田家坝王家三盛院,其屋主富甲一方,三盛院共三幢八重,四十八个天井,计房屋一千余间。

第3章　鄂西北地区传统民居文化特征

3.1　建造历史悠久

　　鄂西北地区位于湖北省西北部,就湖北省的地理环境而言,湖北省地处我国中部,北接河南省,东连安徽省,东南与江西省相接,南邻湖南省,西靠重庆市,西北与陕西省交界。历史上是我国的经济中心、水陆交通运输枢纽。长江、汉江两大水运干线,连通南北,横贯东西,使湖北省成为名副其实的"九省通衢"。全省一半以上县(市)处于航运线上,是中国内河航运最发达的省区之一。另外,湖北又是"千湖之省",湖泊星罗棋布,编织成引人入胜的水乡泽国。"九省通衢""千湖之省",使湖北有着得"水"独厚的优势,众多的湖泊大多由古云梦泽淤塞分割而成,分布于长江与江汉之间,称为"江汉湖群"。全省通航河流 229 条,通航里程 8 385 千米,居全国第 6 位,历史上是"南船北马"的交通节点。同时长江中下游平原,以沉淀大江大湖的澎湃气势和柔韧性情,造就了肥沃的土地,加上降水丰富,气候湿润,物产丰富,自古被称为"鱼米之乡"。

　　这种独特的地理区位、秀丽的自然景观、丰富的物产和人文历史,不仅造就了灿烂的楚文化;同时南来北往的各种文化在此交融,丰富了湖北文化的内涵,在选择和抗逆中也使得湖北的传统民居建筑独树一帜。鄂西北在南北交融之地,其建筑及建造特征亦自成体系,极具特色。

3.1.1　6 000 多年前鄂西北民居

　　1957 年,考古工作者在湖北省枣阳市鹿头镇武庄村(雕龙碑)发现一处新石器时代氏族公社聚落遗址,面积约 5 万平方米,距今 5 000~6 200 年。中国社会科学院考古研究所先后对该遗址进行了五次发掘,出土了一大批珍贵文物,并发现了大量的水稻颗粒和稻壳,还有大量陶具,包括炊具、饮食用具、储藏容器等,大型陶瓮、陶罐中还储存有粟、黍类粮食。这些文物说明这一地区有了十分成熟的农耕定居生活,有专家认为这个氏族公社聚落遗址可能为神农氏炎帝聚落遗址。最令人惊奇的是,在出土的建筑遗址中,已经使用了石灰和混凝土(水硬性无机胶凝材料,类似现代硅酸盐水泥)类建筑材料,至今坚韧结实;同时,还出土了 7 个单元式结构房屋,每个房间都使用推拉式结构的房门。建筑平面呈"田"字形分布,以"十"字形隔墙支撑大跨度屋顶,并分隔成 4 个开间;部分残缺墙体高 50 厘米、宽 40 厘米。在靠近墙体或其近旁房间中设置有灶内火种罐。这种成熟的建筑技术和方法在中国史前考古学中尚属首次发现。

此次发掘的遗址在建筑史上具有重要的意义:一是民居建筑普遍使用了有独立墙体和推拉式结构的房门,表明了原来使用的简陋柴门和草帘门已被先进的推拉门取代,更重要的一点是民居建筑以地穴式和半地穴式布局完全"走出"了地面;二是石灰、红烧土和混凝土的使用,表明民居的建造技术取得了革命性的突破;三是"十"字形隔墙支撑大跨度屋顶和"田"字形 4 个开间房,表明原始的单一栖身用的居房已经发展成为多功能的具有综合性的居住样式。

3.1.2　封建社会的古民居

封建社会时期的湖北民居在全国也有很大的影响,建于东汉初年的襄阳习家池被尊为中国郊野园林鼻祖,计成在《园冶》的"郊野地"一节中有"围知版筑,构拟习池"的记载。

1967 年在鄂州钢铁厂一个建筑工地发现了三国时期"孙将军墓",该墓出土了一套青瓷院落的民居,其布局呈"回"字形,外围建有院落,四周树立碉楼,正中建有门楼,刻有"孙将军门楼也"六字,围墙内建有四座民房围合的天井院,可以推断这是一座将军府第的建筑模型。无独有偶,1991 年,在距离孙将军墓东约 30 米处的一座墓中,又出土了一套类似的"青瓷仓院"。这座建筑模型除院落和房屋外,还设置有 4 个粮仓。经考证,这两座墓分别是孙权侄儿孙邻、侄孙孙述之墓。

这些青瓷模型展现的四合天井院落和三合天井院落的建筑形制,已成为湖北民居建筑最常见的建筑形式,并作为民居建筑的"基因",一直流传到今天。

鄂西北传统民居是湖北民居重要的组成部分,亦是中国建筑文化极具特色的组成部分,这些建筑与我国其他地区发现的同时期建筑相比,无论是在建筑材料还是在建筑技术上都别具一格。鄂西北地区的山地建筑受外界干扰较小,是区域文化和自然环境直接演化的结果,具有明显的地域特征和民族特征,生动地反映了人与自然和谐共生的关系,是民族的瑰宝和民间智慧的结晶,蕴含着当地人民特有的精神价值、思维方式,体现出顽强的生命力和创造力。

3.2　建造时尊重自然

自古以来,先民的各类改造自然的活动都注重保护环境、尊重自然。无论是传统聚落的选址还是建筑单体的营建,都要依据朴素的地理选址思想,对周围的地理环境、交通情况、林木等自然资源及山川景观条件等进行初步的评估,从而选取最有利的地理环境进行传统聚落及民居的营建。

中国是个农业大国,农耕活动历来是主要的人类活动。中国的原始农业至迟于距今 12 000～13 000 年开始,这一时期地球处于间冰期,气候温暖湿润,草本植物生长茂盛,禾本科植物增多。2001 年,考古学家在浙江省金华浦江县的上山遗址出土的夹炭陶片表面发现许多稻壳印痕,胎土中亦夹杂着大量稻壳,经取样分析,这些稻壳为人工选择的早期栽培稻,时间距今约 10 000年。学者们认为这是农耕定居的物证,也是旧石器时代过渡到新石器时代的重要标志。

湖北省位于我国中部,全省除高山地区外,大部分地区为亚热带季风性湿润气候,这些地区阳光充足,热量丰富,无霜期长,降水充沛,雨热同季。这种自然环境和气候非常适合农业生产。在中国古史传说中,中华民族的先祖神农氏就住在这里,在尝百草过程中发现了谷物,并开始种植。1983 年,考古人员在宜都枝城北遗址发现了距今 8 000 年左右的早期栽培稻,可以推断至迟在 10 000 年前,湖北人民就开始了农耕定居生活。这一发现表明湖北的原始农业与浙江"上山遗址"的原始农业应在同一时期。

民居营建时尊重自然,追求与自然和谐共处。建造民居时注重对自然条件的利用及对自然要素的因借,实现民居与周边自然环境的协调。枣阳新石器时代雕龙碑氏族公社聚落遗址,位于沙河与水牛河交汇处的台地上。东连桐柏山脉,西是一望无际的平川,南靠鹿头镇,北接河南唐河、桐柏。水源充足,土地肥沃,交通便利。这样的生物圈,不仅自然环境优美,而且为古人类从事渔猎、耕种提供了良好的条件。又如春秋战国时期楚都纪南城,北依纪山,西接八岭山,东傍雨台山,南濒长江,真可谓水萦山绕,天造地设,这种对自然的直接因借,不仅节约了建设成本,缩短了建设工期,而且四周山峦重叠的地形地势对纪南城形成一种拱卫,并将环境巧妙转化为背景和依托,展示出建筑、人与自然环境有机统一的和谐之美。

农耕生产必然促进精耕细作的农业,孕育了内敛式自给自足的生活方式。因为农耕活动定居形成的家族和乡村管理制度,共同积淀为以"渔樵耕读"为代表的农耕文明,即用"耕"来维持家庭生计,用"读"来提高家庭成员的文化知识。"耕读"思想在传统民居的营建过程起到了重要的引导作用,也在传统民居的营造细节上得到了体现。

比如明崇祯元年(1628年)建于南漳板桥镇的冯氏天井围屋,建筑群依山就势,布局呈棋盘格横向排列,"十"字线对称(见图 3-1)。宅前屋后,林木成荫,可以说,是人与环境和谐一致的典型民居。民居营造出来的优美环境如世外桃源,让人心旷神怡。

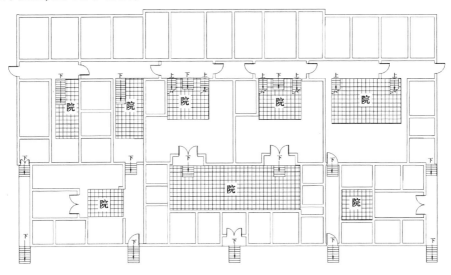

图 3-1　冯氏民居平面

3.2.1　尊重自然

传统聚落选址与其周边的自然环境密不可分。早在春秋时期,当管子提出"高勿近阜而水用足,低勿近泽而沟防省"的选址原则时,国人就已经充分认识到自然环境在选址中的作用及重要影响。聚落选址除了有利于生存,还要有利于发展。在传统农业文明时期,农业是人们生存和发展的最稳定的保障,因此聚落的始迁祖在择地而居时,便要考虑使自己和子孙后代能有效方便地从事农业生产,能健康富足地生活。因此,农业生产与生活的需要也成为鄂西北地区传统聚落选址的基本原则,从农业生产与生活的影响来看,主要的因素有水、土地、地形地质条件、气候及其他因素等。

3.2.1.1　水的因素

聚落的形成来源于人们对于定居活动的要求,而农耕活动是定居生活的基础保障。因此,聚落的形成与发展是农耕文明的产物,有句话叫作"农,国之本也",聚落的兴盛必须以农业的丰收为前提,而农耕文明形成的自然条件是适合农耕生产的土地和水源,水资源作为聚落重要的物质资料,是农作物生长、丰收的基础条件,也是农耕文明兴盛的基础。

在日常活动方面,水是人们生活(饮用、洗涤、消防)与生产(农田灌溉、水产养殖、交通运输、食品加工)不可缺少的基本要素,选址时尽可能地接近水源是鄂西北传统聚落选址的普遍原则。因此,鄂西北传统聚落选址时大多选择在靠近河湖、溪流之处,或者有丰富的地下水可利用的地方。在十堰地区的商贸型聚落更是体现了此特点,既依靠自然,又考虑地理环境条件。比如十堰张湾区的黄龙镇位于堵河河畔,入堵河可进汉水,入汉水可进长江,因此以黄龙镇为起点,近可到郧阳沿江的各个县城、乡(镇),远可至江汉平原、四川、河南等地,交通便捷通达。

历史上,黄龙镇也成为鄂西北地区传统聚落因水兴衰的例子。其地势北高南低,处于一道狭长河谷平川之中。周边山峦起伏,林木茂盛,更有堵河、金钱河流淌其间。溯水而上,近可至竹山、竹溪、远涉陕西、四川等省;顺水而下,还可达襄阳、汉口。得天独厚的水运交通条件和地理优势,加之当时区域经济发展的背景,使黄龙镇成为十堰地区的商业重镇。黄龙镇因临近堵河,经常受到水患侵扰,曾数次重建,清代期间先后三次建镇,黄龙镇现状即为第三次建镇后所形成的聚落。

3.2.1.2　土地因素

土地是人类生存的基本条件,是人类进行物质生产和生活需求的必要条件。鄂西北地区的基本生产形态,村镇、聚落的形成和发展都与耕地活动有密切联系,肥沃的土地是农耕生活的基本保障。为了生产和生存,百姓往往选择在四周有足够的田地可供开垦耕种或接近耕地的地点。此外,鄂西北地区诸多传统聚落大多选择在山坡、山麓、山脚甚至是半山腰上,更多的是为了腾出平缓地作为耕地而有意为之。这样的考虑既使自己的生活来源有了基础,又实现了对自然地形的合理利用(见图3-2)。

3.2.1.3　地形因素

鄂西北地区的传统聚落或者民居大多选在山的阳坡,或依傍河谷的丘陵地带。这些地方一般不会占据平整的耕地,对外防御时易守难攻,同时还有利于排水,不易发生内涝,同时可以争取到良好的通风与朝向。正是如此,鄂西

(a)板桥传统民居地形选址

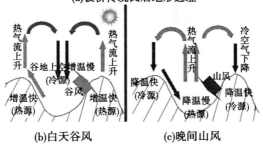

(b)白天谷风　　　　　　(c)晚间山风

图 3-2　选址特点

北地区的传统聚落或者民居在建筑与地形的结合上,积累了许多宝贵的经验。建设时一般不过度改造地形,而是依山就势,巧于利用。无论是在平地上还是坡地上均因势利导、顺其自然,在实现建筑功能的同时营造了建筑内部空间的秩序,形成了特有的建筑特色。

3.2.1.4 地质条件

地质条件为民居的建造提供多样化的承载基地和天然的建造原材料。任何建筑结构体系选择的基本前提条件就是地质情况,没有结构体系的保障就无法实现建筑在平面及空间上的发展。同时,地方材料对于地域特色的形成起到关键的作用。这是因为材料往往决定了结构形式,而结构形式又决定了外形和风格。这一点在民居营建时显得特别突出:在生产力落后的农业社会,民居不可能像对待其他纪念性建筑那样千里迢迢从外地运输建筑材料,受到劳动力以及技术的限制,促使不同地域的民居一直使用当地采掘和加工的材料。木材从附近的森林砍伐,砖用本地黏土烧制,石材从便捷的采石场开采,而这些材料又产生了相应的结构,并对建筑风格产生着重要的影响。于是建筑材料成为维系建筑文化与地域的纽带,对于体现地域风格起着不可忽视的作用。

比如鄂西北地区的南漳县,其境内石材多样,开采量大。在直接来源于大自然的建筑材料中,石头密度大、承压性较好,所以被大量地应用于建筑的基础、墙身的勒脚、墙身的转角及柱子等受力构件和部位。此外,石材所具有的优良的耐火性、耐久性、隔热保温和隔音等物理性能使其成为民居营建的主要材料。南漳地区传统民居中的石材构造随处可见。石材通常作为将整个建筑抬高的基础,其尺寸比砖头要大,常做成粗糙的外表面效果。而当作为门前抱鼓、窗洞时,石头被打磨得十分光滑,给人以纯粹高贵感(见图3-3)。

图3-3　民居不同部位石材的使用

3.2.1.5　小气候因素

无论位于何处,百姓的健康生活都离不开良好的小气候。而鄂西北地区的地形起伏变化较大,各地区小气候的差异也很大。为了便于营造建筑周边良好的小气候,鄂西北地区的聚落或者民居选址时尽量东、西、北三面有山环抱,使聚落或者建筑单体在冬季不受寒风侵袭,而在盆地的东南方向有相对开敞的豁口,夏季东南风沿河、溪吹入,使聚落能够充分通风、降温。

3.2.1.6　其他因素

1. 林木资源

南漳地区林木资源丰富。除用石材作为基础外,人们还烧制砖、瓦、石灰作为建造辅助材料,而梁架结构均为木头。门头匾额、装饰挂落,室内门板、窗花,楼梯、回廊栏杆甚至家具等都刻有精美木雕。南漳民居以木构架来作房屋屋架,多为抬梁式,主要特点是柱上承梁,梁上承檩,檩上架椽,由这套体系负担屋面的重量。

木头在南漳地区民居中的应用无处不在,由于木材具有柔性和弹性,木构架中的节点便普遍使用榫卯构造连接,如动物的骨骼关节一样可在一定范围内伸缩和扭转,有效减缓地震破坏,延长木结构寿命。在特别的地方,木材可以塑造出异形的造型,成就建筑的特性。

2. 砖

砖属于一种脆性材料,其抗压性好而抗剪性较差,因而广泛作为一种砌块承重材料或分隔材料应用于建筑中。砖作为南漳民居外墙砌筑材料时,通常被砌筑成空斗墙,中填泥土密封。南漳地区烧制出的砖拥有一种独特的青灰色,合着斑驳白色的粉灰,与灰色的瓦交相辉映,和外墙堆砌形成的肌理一起,构成了一幅浓墨浅彩的山水画卷。这种肌理和颜色使得南漳地区的传统民居的地域性十分清晰(见图3-4)。

图 3-4　民居青砖外立面

事实上,历史上任何时期,任何建筑都与地理自然因素密不可分。某一类型的建筑形态往往是多种因素共同作用的结果。在很长的时间里,鄂西北地区的人民依赖着本地的自然资源,并发挥着自己的主观能动性,将可利用的资源尽情发挥,营造出了适应当地自然基础的民居,形成了本地区民居的地域性特征。

3.2.2　基于自然条件的安全防御性考量

自然条件是人类生存之本,此外,安全是传统聚落选址定居的首要条件,尤其是在移民活动频繁、移民群体巨大的鄂西北地区。陈志华认为,水土丰厚固然是吸引外来移民的重要条件,而"寇不能人"对于因战乱而不得不远离故土、迁至异乡的人来说,更是最重要的。在鄂西北地区,诸多传统聚落选址于地域环境相对独立的山地或者丘陵地区,借当地自然屏障以定居便是基于这种考虑。基于土客之争等种种考虑,许多移民家族在定居之初往往将家族安全摆在第一位,"依山阻险以自安",在确保安全的基础上再谋求家族的发展。

除社会安全外,安全防御的另一个方面便是自然环境安全,包括防洪与避开各类地质灾害。基于此,鄂西北地区传统聚落多选址于高台地段或丘陵台地,既不怕干旱也不怕水淹,安全高爽,并定居至今(见图3-5)。

图 3-5　依靠天然庇护的聚落选址

3.2.3　经济、社会因素特点

除自然地理因素外,相对便利的交通条件和营造美学及自然环境等经济、社会因素也是影响鄂西北地区传统聚落及民居选址的重要因素。

3.2.3.1　交通因素

鄂西北地区传统聚落及民居选址时,山地与盆地在交通考虑上略有不同。但大多数聚落及民居都尽量靠近水陆交通要道。良好的交通条件是聚落居民与外界交流活动的纽带,这一点在鄂西北境内的十堰地区尤为突出,尤其是商贸型聚落最为典型。由于汉水及其支流堵河、金钱河、天河分布于郧阳各属区,它们汇聚而下,流经郧阳府城、均州城、老河口、襄阳和汉口,从而形成了一个水运贸易体系,老河口、郧阳府城是鄂西北的两个贸易中心,这些地区的人口集中,聚落规模大,比较典型的聚落有黄龙镇和郧西羊尾镇。

与盆地聚落依赖交通的特性不同,山地聚落则故意避开便捷的交通,往往选择"世外桃源"般的境地,远离人口集中地,远离政府管辖地带。聚落依靠自然的庇护,自给自足,自发生长,襄阳南漳县漫云古村即是非常典型的例子,到如今依然是在群山之间,外界需要通过一条曲折蜿蜒的小路方能到达。

3.2.3.2　地域性审美因素

鄂西北地区传统聚落的居民有着深远的山水情怀和人文情愫。在选址时十分注重周边的自然风光是否优美,选址时亦是各种考量,权衡各种利弊因素。许多村落更是用了优美的文字来描述本聚落风景的秀丽。

3.3　"中轴对称"的空间格局

湖北传统民居的格局是以"家"的概念为基础而展开的,家在中国人的心目中就是千秋万代、子子孙孙。家是屋的向往与目标,屋是家的追求与归宿。鄂西北地区的传统民居对称式布局体现出明确的中正礼制思想。

中正思想讲究民居和谐相宜,中正和谐是儒家基本的生存态度,这一概念包含两个层次:中正与和谐,且前因而后果。"中"字本义为中心、当中,亦有端正、不偏为"正义"。端正、不偏即适度,适度即和。因此,《说文》云:"中,和也。"事物若失其正中,亦将失其和谐。自儒家提出中正思想之后,受此影响,民居在规划、营造建筑空间时更是自觉地践行这种和谐美学,其表现可分为三个层面:一是民居各构成部分之间的和谐相宜,如屋顶与民居的正身、台基之间的协调关系,不同构件因线条、形状、色彩的差别所营造的直与曲、方与圆、明与暗、实与虚、大与小、简与繁等方面的对应与协调;二是群体建筑中各组成单元之间的和谐相宜,如民居的大门、厅、堂、室、厢房等建筑要素的形制和布局通过阴阳平衡、主次有序、体量的对比、空间感的层次变换等方式实现整体的和谐;三是注重民居与周围环境之间的和谐相宜,尽可能使民居与环境融为一体、相互辉映,不因建筑毁环境,也不因环境伤害建筑。

鄂西北地区传统文化中如何将伦理道德价值观中的秩序与礼制转化为民居建筑的要素,主要是通过建筑的平面布局和位置的组合来实现的。即遵守中轴对称的"秩序",根据伦理辈分级别高低的"礼制"来分配住房,以达到"守"和"尊"的规范,且将建筑和室内装修的审美观念置于理性的支配之下,使伦理规范成为民居建筑独有的文化特色。

　　因为这种守"秩序"、遵"礼制"、注重中轴对称的需求,最终促成了鄂西北民居最常见的组合形式:天井院、天井围屋。

　　天井院是最基本的组织形式,天井围屋和府第都是在其基础上发展和演变而形成的。天井院一般为一个小家庭居住,即一代人的住房;天井围屋则是这代人繁衍生息几代人,甚至几十代后,形成的大围屋,即几个天井院或十几个天井院甚至几十个天井院组合成的"大屋"(见图3-6)。

图3-6　天井围屋

　　天井围屋与官员住宅相比,最大的区别是大门的形制存在着等级上的差别,根据明清两代法律规定,官宅宅门一般分为金柱大门和广亮大门。广亮门位于中柱间,大门里外形成面积相等的门洞;金柱门位于金柱间,大门外的门洞小于门里的门洞。金柱门和广亮门门庑深广,但只能有一间,远少于王府的三间门或五间门。官员的府第均为金柱大门和广亮大门。

　　但无论是天井院、天井围屋还是府第,其组群形式都要遵守伦理规范和等级秩序。天井院南北正房一定由主人居住,后代子孙住在两侧的厢房。当这一代人繁衍发展到需要扩充新的天井院时,按棋盘式格局以老屋为中心向前扩张。由于老屋大多背靠山丘(靠山),子孙的天井院则呈向心形顺中轴线往前向两侧发展,并由此形成了长幼不同、尊卑有序的秩序和格局。可以说湖北传统民居的中轴对称和天井组群布局,反映出一种家庭伦理文化走向。民居内部庭院的经营以严整的格局、强烈的秩序,反映家族生活中人与人的关系,以及人应当遵守的伦理规范,具有一种中和之美。

　　比如南漳板桥镇冯氏天井围屋。整个围屋按尊卑有序、长幼有别的原则进行布局。正中为冯氏民居的大门,大门是一个暗门楼,寓意是衔天接地,取天地之灵气。门柱上雕有梅兰竹菊和喜鹊登梅的图案,显示着主人的财气。

从大门进入,有一道通往院落的小门,木门有正门和侧门之分,只有贵客到来才能从大门口进入,但要进去院落则要从侧门进入,表示对主人的尊重。正门为主人专属。通往正房的台阶也设有三个信道,中间信道为主人和客人所走,两侧是下人行走通道。另外,祖宗开凿的水井,被视为"龙脉"发迹之地,是民居中神圣不可侵犯的一部分,任何族人都不能有玷污水井的举动。

天井围屋是传统天井合院式建筑,这些建筑是按照儒家思想的宗法家族观念组合的有层次序列的前后院落,在民居空间格局上体现为明确的中轴线,是方正中轴哲理思想和秩序的体现,表现出建筑组群渐进的层次和向祖屋围合形式。堂屋和祖屋是家庭生活的核心,为礼仪性建筑。厅堂、居室按长幼有序、尊卑不同的秩序排列。在厅堂中采用中轴线对称形式,"主右宾左""前堂后室""左昭右穆"等功能的界定在建筑分区中体现得十分明显。天井围屋的立面秩序见图3-7。

图 3-7　天井围屋的立面秩序

天井合院按南北纵轴线对称构筑房屋和院落,一般为"一正两厢"的组合形式。"一正",即正房,正房三开间为家长或长辈所居,以中间为明间,两侧为次间,明间为家庭生活起居、红白事等活动之用,次间为卧室,正房坐北朝南,位于中轴线后端;"两厢"指沿南北轴线相向对称的东西厢房,为子女和晚辈的住处(见图3-8)。在正房的左右建有耳房和小院,作为厨房和杂屋使用。俨然是一个"家天下",是一个对称平衡、内外分明、层次井然的家族结构。从具体的建筑形式中,能理解抽象的社会模式。天井围屋中,南北向的北屋是最舒适和最安全的居室,是老人和祖辈的居所,祭祀的厅堂也设在北屋。东西厢房和倒座、后堂这些朝向不太理想的房屋是后辈人居所。

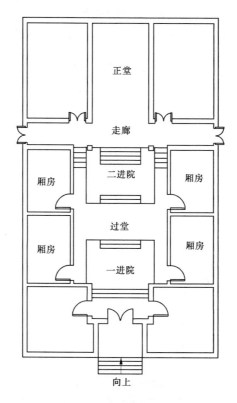

图 3-8 "一正两厢"布局

  鄂西北地区传统民居的功能分区往往传递出守规则、求对称、重等级的理念。建筑的尊卑有序、内外有别是宗法制度的外化体现。住房内部布局遵循着中上侧下、后上前下、左上右下的次序进行安排;墙、屏门等的设置,则保持了家庭的私密性,体现出内外有别的思想。比如天井院民居"北屋为尊,西厢为次,倒座为宾,杂物为附"的严格功能分区。这种布局遵循的是长幼有序、男女有别的封建伦理道德;同时包含有对长辈的孝道及家庭成员密切交往、彼此关怀的合理因素,以及普遍认可的实用价值、文化价值、精神价值和审美价值。

3.4　遵循礼制思想的村落布局

关于礼制，《乐记》曰："礼者，天地之序也。和，故百物皆化；序，故群物皆别。"以礼为代表的人文思想，建立了中国文明的伦理秩序。《礼记·礼运》又曰："昔者先王，未有宫室，冬则居营窟，夏则居橧巢……后圣有作，然后修火之利。范金合土，以为台榭、宫室、牖户……以降上神与先祖。以正群臣，以笃父子，以睦兄弟，以齐上下，夫妇有所。"古人认为筑宫室、牖户不仅具有实用功能，还有祭神、祭祖及"正""笃""睦""齐"的精神功能。这种礼制思想经过后世不断充实，形成了中国所特有的建筑文化观。从村落整体布局到民居形制、装饰，乃至于建筑小品的布设等方面无不渗透着中国传统礼制思想。

在传统村落营建活动中，礼制思想主要体现在以下三个方面：

第一，兴建祠堂，祠堂既是敬宗收族的重要工具，也是村落的礼制空间，在鄂西北传统村落中大为普及，这些祠堂往往是小组团的核心，体现了"王者必居天下之中，礼也"的礼制规范。

第二，各朝各代对民宅间架数量、式样、色彩等方面的限制成为广大民众不得逾越的法规礼制。体量、式样与色彩的限制成就了鄂西北传统村落青瓦马头墙、石础木柱花窗棂的质朴的建筑形象和典雅质朴的村落景观。

第三，传统村落外部空间各界面装饰题材中也渗透着礼教文化。具体来说又有两个方面：一是通过雕刻或彩画等形式来传达礼教思想，通常有二十四孝、苏武牧羊、三国演义、精忠报国、竹林七贤、伯牙鼓琴、伯夷叔齐、太公钓鱼等人物故事，也有莲花、鲤鱼、耕种等深刻寓意的符号或图案；二是以礼、义、廉、耻、仁、爱、忠、孝为内容，通过文字的形式，雕刻或书写成匾额、宅第堂号、门联甚至是碑刻以教化后人。

3.5　自主互助的营建方式

鄂西北传统村落的营建过程基本上按照自主、互助的营建模式进行，具体表现在设计、建造、管理等各个方面。由于历代王朝的统一政权机构只到达县一级，村落实际上是一个自治体，这个自治体的管理则由宗族主持。宗族组织在村落营建与管理中，起着举足轻重的作用。具体来说，主要体现在以下两个方面：

第一，聚落结构的规划设计在宗族商议下，由宗族观念所确定的理想模式指导完成。他们将这种规划设计成果体现在族谱的修纂中,从而实现对子孙后代的引导。

第二,由于宗族掌握着村落的公共权力和大量的公有财产,因此他们负责各级祠堂、桥梁、学堂、庙宇、门坊、水渠、堤坝、道路等公共建筑和各类工程的设计、建造及其管理工作。当然在这些聚落发展演变中,也不乏由士绅个人投资建造的公共建筑,但数量不多。

此外,自主互助的营建方式还体现在宅居的建造和定期的维护与修缮上。一般宅居由居民自己投资,并负责修建,同时在家族、邻里、朋友及工匠的帮助下完成,工匠虽是直接建造者,但主要以使用者的建造意向为指导原则。由于士绅阶层经济和文化的统领地位,其住宅因布局考究、工艺精湛而成为普通民众竞相模仿的对象。因此,虽然居民之间存在着经济能力、功能要求、地形条件和个人喜好的差异,但在士绅阶层的"示范"下,传统民居个体之间仍然有效地保持了平面布局的相似性和建筑风格的一致性,这也是继朴素地理自然观念影响之外的,传统村落空间形貌能保持高度和谐的另一个重要原因。鄂西北传统民居聚落从整体的规划设计,到单体建筑的营建修葺,以及民居的建造维护,始终实行着自主互助的营建方式,可以说鄂西北传统民居是"没有建筑师的建筑"。

3.6　耕读传家的建造文化

湖北地区的传统民居十分注重建筑装饰文化蕴涵的陶冶、愉悦与教育功能。鄂西北地区也是如此,传统民居大多为砖木结构,装饰构件主要集中在封火山墙、脊饰和木结构的梁、枋和隔扇门窗等部位,有钱人家还在木结构上悬挂牌匾和楹联;装饰手法主要有砖雕、木雕、石雕、彩绘和灰塑;装饰题材主要有吉祥纹饰、动植物图案和历史人物故事等。一般的天井院民居主要对大门与梁架进行装饰,天井围屋则非常讲究,整个建筑空间凡视线所及的地方,多有装饰。

题材的选择是民居装饰中最受关注的部分,体现出主人的文化修养、家庭地位和审美追求。天井院民居装饰题材多为吉祥和动植物图案,植物图案是借助植物的同音、谐音或植物本身的特质来表现某一种吉祥的象征符号,用来反映对美好生活的愿望。如梅兰竹菊被赋予了"岁寒四君子"特定的意义;莲花因其出淤泥而不染的特质,被誉为"花中君子",用来形容主人品格高洁淡泊;牡丹被誉为"百花之王",象征着富贵;葡萄因其果实累累常代表着丰收,

也代表着多子多孙;菊花象征着坚贞不屈的精神;芙蓉比附荣华;莲蓬则表达
"早生贵子";兰桂齐芳比附仕途昌达;松与鹤一起表达连年贺寿,平安长寿;
鸳鸯戏水比附夫妻恩爱。同时,利用动植物的名称,采取谐音取意的方式,比
附民间通俗的吉祥用语。如鹿(禄)、蝙蝠(福)、花瓶(平安)、鱼(余)、猫蝶
(耄耋)等,组合成福禄喜庆、长寿安康、岁岁平安、年年有余、龙凤呈祥、望子
成龙等题材,达到"图必有意,意必吉祥"(见图 3-9),表达人们对美好生活的
追求和对平安吉祥的向往,抒发祈求吉祥、消灾除患的愿望。这些装饰图案是
人们在长期的生产生活中所形成的吉祥符号,具有广泛的通识性,并广泛
传承。

图 3-9 民居不同部位的装饰题材

隔扇装修的细部处理,多以历史典故、山水风光、戏文故事、民谚传说为题
材,历史典故大多是三顾茅庐、桃园结义、竹林七贤等,以强化和提升民居的文

化内涵;山水风光是以山水比德,"仁者乐山、智者乐水",同时借助山水的自然属性和特征加以延伸和情感化、伦理化;民谚传说则是利用谚语、传说、典故等附会形式,使人联想到民间习俗。如鲤鱼跃龙门隐喻登科及第,将道教中八仙使用的八种神器,组合成一组组图案隐喻神仙降临,同样,将佛教中的八种神器组合成八宝,象征佛法无边等。

　　另外,匾额、楹联的装饰则以家庭伦理道德为出发点,体现父子关系、夫妇关系、兄弟关系和妯娌关系。所谓"名不正则言不顺,言不顺则事不成"。大门匾额写的是家训"诗书继世、忠厚传家",楹联是"书为至宝一生用,心作良田万世耕",也标榜科举出身的门第,透出一点高贵威严;状元府第要挂一块"状元及第"的四字匾;进士出身的也要挂上"进士第";举人出身悬上"文魁"二字;民居中常见楹联有"父子兄弟夫妇,人伦之大;一家之中,惟此三亲而已""父慈子孝天伦乐;兄友弟恭家道和""积善门第春常在;行善人家庆有余"。不仅门口要挂匾,厅堂更是要挂匾。做过外任地方官,离任后当地乡绅商贾送的"清廉方正""爱民如子"之类的颂德匾也要带回来,挂在堂中正匾的左右两侧,比如南漳县板桥镇王氏民居悬挂"青箱世业"匾额(见图3-10),也是其中的一种做法。

图 3-10　鄂西北古民居中的匾额

　　天井式民居最常见的装饰是"渔樵耕读"。渔是指东汉著名高士严子陵,少负才气,他是刘秀的同学,刘秀很赏识他。刘秀当了皇帝后多次请他做官,都被他婉拒。严子陵一生不仕,并隐居富春江一带,以打鱼为生,终老于林泉间。北宋名臣范仲淹任睦州知州时,在桐庐富春江旁建了严子陵钓台和子陵祠,题写了《严先生祠堂记》,赞扬他"云山苍苍,江水泱泱,先生之风,山高水长"。严子陵以"高风亮节"闻名天下,被后世传颂为不慕权贵、追求自适的榜样。樵是说西汉会稽人朱买臣覆水难收的故事。朱买臣出身贫寒,靠卖柴为生,但酷爱读书。妻子崔氏不堪其穷而改嫁他人。他仍自强不息,熟读《春秋》《楚辞》,后来,朱买臣当了会稽太守。一天他乘车到了吴界,崔氏与丈夫正在为太守的车马铺路,当崔氏见太守就是朱买臣时,羞愧不已。朱买臣命人将崔氏与她丈夫带回,安置在太守官邸后园住下,每日供给饮食。有一天,崔氏跪下请罪,请朱买臣与她恢复夫妻关系。朱买臣取来一盆水泼在地上,令崔氏收回来,意思是覆水难收。耕指舜出身贫苦,曾在历山(鄞城东南境)种过地,舜早年丧母,其父听信后妻的谎言,百般虐待他,还企图害死他。但舜天性至孝,从不把父不义、母不慈、弟不恭的事情放在心上,相反,却把孝敬父母、友爱弟弟看作应尽的天职。三十岁被推荐为尧的继承人,在他的治理下,老百姓男耕女织,安居乐业,天下太平。读是指战国中期纵横家苏秦埋头苦读的故事。苏秦到秦国游说失败,只得返回家乡。他背着书箱,一脸羞愧之色,回到家里。妻子不下织机,嫂子不去做饭,父母不与他说话。苏秦见此情状,长叹道:"妻子不把我当丈夫,嫂嫂不把我当小叔,父母不把我当儿子,这都是我的过错啊!"为博取功名,苏秦发奋读书,每天读书到深夜,每当要打瞌睡时,他就用铁锥子刺一下大腿来提神,鲜血一直流到脚跟。一年后,苏秦谒见游说赵王,赵王听了纵横之策,封苏秦为武安君,拜授相印。以兵车一百辆、锦绣一千匹、白璧一百对、黄金一万镒跟在他的后面,用来联合六国,抑制强秦。苏秦在去游说楚王的路上,经过洛阳,父母听到消息,收拾房屋,准备酒席,到三十里外郊野去迎接。妻子不敢正面看他,侧着耳朵听他说话。嫂子在地上匍匐,再三跪拜谢罪。

　　渔樵耕读是汉族农耕社会的四种业态,代表了汉族劳动人民的基本生活方式。古代人之所以喜欢渔樵耕读,除了对田园生活的恣意和淡泊自如的人生境界的向往,更多的是内心深处对科举进仕、入朝为官、光耀祖宗的一种心理寄托或向往。渔樵耕读中的经典故事和典型人物以及动人情节并不都被后世子孙知晓,但作为一种精神符号,却受到普遍欢迎。

3.7　崇尚道家"自然有机"的运行机制

　　道家的核心思想就是崇尚自然,尤为强调化生的自然性,故有"道法自然"之说,意味着:对于天地万物来说,自然才是其生存的根本。正是基于自然存在,天地万物才能和谐共处而生生不息。传统民居在规划、营建过程中深受其影响,建筑与自然环境和谐共生,达到"宅以形势为身体,以泉水为血脉,以土地为皮肉,以草木为毛发,以屋舍为衣服,以门户为冠带"的境界。比如民居在选址时,讲究背山面水。村落布局往往按照某一物象,这种指导思想会进一步完善村落的布局,从而建立起一个相应的有机循环体系,确保村落运行方式的科学和健康,使之符合自然规律。另外,民居在建筑材料的选择上,因地制宜,就地取材,营造出适应当地环境的建筑。

此外,传统村落的经济营建不仅要在选址时考虑,在村落营建过程中更要实施,具体实施就涉及建造成本。鄂西北地区传统民居在营造过程中也同样需要考虑经济条件。

其一,就传统村落整体结构而言,鄂西北地区村落的布局大多结合地形,依山就势。对水的运用更是充分利用自然地形之优势,要么选址于河流附近,要么自己挖井取水满足生活之用,可谓是"取自然之利、施人工之巧"。其二,对村落内部空间界面而言,大量地方材料的应用也是经济实用策略的客观体现。在鄂西北地区,喀斯特地貌为村落和村居的营建提供了大量廉价的材料——石材,形制完整的村落中随处可见石础、石桥、石路、石碑等。其三,对鄂西北地区民居和公共建筑而言,以人为本的适中理念得到了大量的体现。汉代董仲舒提出:"高台多阳,广室多阴,远天地之和也,故人弗为,适中而已矣。"这种适中思想,既出于经济成分,更多是针对建筑的适用而提出的。在传统村落中,普通民宅因经济实力差异呈现出规模大小的区别,但总能保持适中尺度,规模的庞大也只是呈水平扩展,并与环境融合在一起,体现了"大人不华,君子务实"的务实精神。而村落中大型公共建筑和大型住宅的形成,都是因家大业大之后兴建的。

3.8　朴素建造中的追求创新

鄂西北地区主要为移民文化,移民地区的显著特点是接受新生事物较快,鄂西北地区也不例外。鄂西北由于地处交通枢纽区位,居于此地的人的思想观念较为开放,常常得风气之先,具有善于创新的人文传统,在民居的建造方面则表现为包容并蓄、兼济南北。风格上既吸收了南方建筑的秀美,又有北方建筑的朴实。总的来说,江西及徽州民居所带去的文化对鄂西北地区的道家文化在意识和形态上都相应产生了一定的影响,而传统民居作为地方文化内涵的重要载体,也会产生相应的影响及变化。

鄂西北传统民居造型最大的特点是"天人合一""凤飞龙舞",这种观念产生于农耕文化,萌芽于传说中"五帝"以前的混沌蒙昧时代,人与自然融为一体,人神相通,没有界限。"凤飞龙舞"就是文明时代来临之际,飞扬在荆楚大地上具有悠久历史的图腾旗帜。凤是楚人的图腾,楚人尊凤源于祖先祝融的崇拜。《白虎通·五行篇》:"南方之神祝融,其精为鸟,离为鸾",鸾是凤的别称。楚人将"凤"视为图腾,还源于炎帝和周王朝。相传炎帝出生于岐山,岐山又是周王朝发祥之地。炎帝是楚人的先祖,岐山则成为龙兴之山。著名典故"凤鸣岐山,兴周八百年",指的是周文王在岐山听到凤凰鸣叫,便将王室迁到岐山,周代由此长达800年。凤凰则是吉祥的象征,《大戴礼记》曰:"羽虫三百六十,凤凰为长",故有"百鸟朝凤"之说。《说文解字》谓凤凰"见则天下大安宁",是预示天下太平的祥瑞。楚人喜欢将凤喻人,《论语·微子》记载,楚国狂人接舆曾作歌云:"凤兮凤兮!何德之衰?往者不可谏,来者犹可追。"春秋霸主楚庄王也将自己比作"三年不飞,飞将冲天;三年不鸣,鸣将惊人"的凤鸟。

中国的龙凤文化内涵早期与晚期不尽相同,龙凤的排序甚至是颠倒的。春秋时人们对龙且敬且畏,龙是和风化雨的祥瑞,也是狂涛骇浪的破坏者。龙虽为古代四灵之首(青龙、白虎、朱雀、玄武),但龙与凤的关系却很微妙,龙凤并列时,不是龙在凤前,而是凤在龙前。这种现象在先秦的出土文物中有大量的反映,不是"龙飞凤舞",而是"凤飞龙舞",这与我们在封建社会晚期见到的完全相反。

于1978年湖北随州擂鼓墩出土的战国早期曾侯乙墓内棺漆画有《方相氏驱傩图》,内容是方相氏戴着四眼面具在凤凰的引导下进行驱鬼。特别突出的是,凤在内棺漆画上占有十分鲜明和主要的位置,龙则作为一种陪衬画在次要的位置,这是一种真正意义上的"凤飞龙舞";擂鼓墩还出土了一件"鹿角立鹤",位于主棺东北角,由鹤身、鹿角、底座三部分组成。鹤嘴部右侧有"曾侯乙作持用终"七字铭文。其实这是一只凤凰,它的主要作用是引导主人的灵魂升天。楚人以凤来招魂,《楚辞·大招》:"魂乎归来!凤凰翔只"。魂在凤的导引下周游八极,《楚辞·远游》:"前飞廉以启路";随州擂鼓墩出土的主棺上的凤凰图案及江陵楚墓出土的立凤木雕和江陵雨台山等地楚墓出土的木雕凤架鼓,上面的凤凰或振翅欲飞,或足踏虎背,气宇轩昂。

龙凤的形象在春秋战国时期也与封建社会后期不同。凤是由鸡、燕、蛇、龟、鱼五种祥瑞动物复合而成的。《山海经·南山经》:"丹穴之山……有鸟焉,其状如鸡,五采而文,名曰凤凰,首文曰德,翼文曰义,背文曰礼,膺文曰仁,腹文曰信。是鸟也,饮食自然,自歌自舞,见则天下安宁"。郭璞注引《广雅》:"凤,鸡头、燕颔、蛇颈、龟背、鱼尾。雌曰凰,雄曰凤。"凤凰在曾侯乙墓内棺漆画中有着与记载完全吻合的画像。在这一画幅中也有龙的形象,龙为蛇和鳄鱼的造型,居于附属和陪衬的位置。在这座棺画上专门突出了凤凰的位置,这些神鸟引导方相氏驱赶一切鬼怪,将主人的灵魂送往天国。

凤的那种叱咤风云的豪气,异彩纷呈的风采,正是楚文化精神的象征。可以说,楚人尊崇凤,就是尊崇自己的祖先;楚人钟爱凤,就是钟爱自己的民族。炽热而又执着的凤,既培育了楚人对神灵诚惶诚恐的虔敬,也诱发了他们对原始宗教艺术近乎狂热的、极富浪漫情调的创作激情。

这种原始的审美意识和艺术创作,不像后世理论家所认为的造型源于生活那样;相反,它们是一种狂烈的抽象思维。"凤飞龙舞",正因为它们作为图腾所标记,所代表的一种狂热的巫术礼仪。这种火一般炽热虔信的巫术礼仪的组成部分或符号标记,是具有神力魔法的代表。它们浓缩着、积淀着楚地人民强烈的情感、思想、信仰和期望,虔诚而狂野、如醉如痴、如火如荼。就价值系统而言,则突出表现为"追求卓越、敢为人先"的观念、情感和创新意识。正是楚人这种自强不息、敢为人先的精神,楚国一跃成为春秋五霸、战国七雄之一,成为诸侯惧怕的盟主。《左传》记载,公元前 710 年,"蔡侯、郑伯会于邓,始惧楚也"。

楚人"凤飞龙舞"观念作为一种精神也强烈地反映在民居建筑中。这种民居文化的基本精神是:以人为本的人文主义,自强不息、豁达乐观的心理,观物取象、整体直觉的思维方式。"凤飞龙舞"不是内敛的室内装饰,而是外向的封火山墙上的"凤飞龙舞",即弓着身子向下弯曲的龙,向上起翘展翅欲飞的凤,"凤飞龙舞"随着线的曲折,显出向上升腾的轻快,配以厚实的瓦坡和挺拔的山墙,使整个建筑充满了节奏鲜明的效果和一种灵动的美。

"凤飞龙舞"在山墙上的体现尤为明显,鄂西北民居"凤飞龙舞"山墙并不是一种固定的模式,为避免造型单一和雷同,在"凤飞龙舞"的审美追求下,封火山墙的构成形式非常丰富(见图 3-11),其形式有几十种之多,总体造型原则是"凤飞龙舞、龙凤呈祥、和而不同、浪漫有致"。凤飞如流动的自由美,追风行云;龙舞如盎然卷浪,骨力通灵,柔刚适度,神清气爽,具有极高的审美价值。居住在"凤飞龙舞"的空间里,使人感受到一种生活的安逸和对环境的主宰。

图 3-11　鄂西北传统民居中形态各异的山墙

第 4 章 鄂西北地区传统村落及民居营建策略

鄂西北地区传统村落及民居的营建蕴含了先人朴素的营建智慧和高超的营建技术,空间营建是传统民居营建的主要方面,空间的形态一般指实体所表现出来的具体的空间物质形态。具体到传统村落层面,则包括村落内部各有形要素的空间布置方式、地理分布特征等。传统聚落空间形态反映了传统文化发展演变过程中的特点,也反映了传统民居建造的特征。

4.1 鄂西北地区传统村落的外部空间

村落的形成是自然因素与经济、社会因素共同作用的结果,在不同背景因素的影响下,不同的村落表现出不同的外部空间形态。从村落规模和空间布局上看,鄂西北地区存在着散点型、单线型、复线型和网格型四种外部空间形态。

4.1.1 散点型传统村落

散点型传统村落规模较小,通常,民居建筑稀疏、零落地分布,不形成既定形式的街巷空间。

散点型传统村落内部建筑布局呈自由、散落的状态,要么不讲究布局朝向,要么不讲究形式或不受传统礼制的约束。

散点型传统村落的内部联系较弱,居民之间少有共同的信仰和生活习俗,他们的共同特点就是居住在同一个区域内,共同享有该区域的生产场所,存在一种“地缘”的关系。

散点型传统村落是一种相对较低级的村落形态,多见于鄂西北地区的山地之间。

4.1.2 单线型村落

单线型村落一般以一条主街为轴线,公共活动以及村民生活都集中在这条轴线的两侧。这种村落的组合形态较为简单,沿主街两侧布置民居建筑,民居建筑与街道直接连接,局部形成开敞的公共空间,如井台、街巷交叉口等;贯穿全村的主街的两端是全村的主要出入口,位于襄阳南漳的漫云古村与这类村落的布局非常类似,只不过民居建筑呈自由式布置。

此外,单线型村落又分为平地和山地两种情形:"有路便有渠"是平地村落的特色,建筑皆沿渠而建,构成线型形态;而山区的单线型村落一般位于山脚或山麓,以不占良田好地为原则,同时与山体形态相呼应,并与等高线相平行。

4.2 鄂西北地区传统民居营建策略

4.2.1 传统民居类型

目前,关于传统居住建筑的分类众说纷纭。有按行政区域分类的,有按民族属性分类的,更有按单体建筑结构形式、建筑材料、聚落构成分类的。按照生活在民居中的人的空间活动模式和生活特征划分,鄂西北地区传统民居可分为院落式民居、天井式民居、围屋式民居等。

4.2.1.1 院落式民居

鄂西北地区院落式民居的平面形制一般为前堂后寝、中轴对称,院落层层递进。其外观为青砖灰瓦,稳重朴实,室内装修淡雅。院落式民居布局灵活,可形成单幢(一字院)、三合院、四合院,直到复杂的多进院落及多条轴线的群体组合,以适应不同规模、组成家庭的使用需要,还可建造二层的楼房。

院落式民居广泛分布于鄂西北地区,其形制融合了北方合院式民居的特点,适于该地区夏季炎热、冬天寒冷的气候特点。院落式民居以"三合院"居多,正房"一明两暗",由高墙封护,围合成庭院。庭院不大,但也有一定规模;庭院四边的房屋有的搭接在一起,有的独立成栋;院中种植农作物或树木花草,并有路径,夏季可接纳凉爽的自然风,冬天可获得充沛的日照,并避免西北方寒风的侵袭。正房中的厅("一明")通常做成敞厅形式,有时在厅前加设花罩或做成桶扇门,夏天敞开、冬天关闭。

4.2.1.2 天井式民居

鄂西北夏热冬冷,雨季较长,故其民居建筑进深较大,组成方形院落的各栋住房相互联属、屋面搭接,紧紧包围中间的小院落;而小院落与四周的高屋檐相对比,类似井口,故称为"天井"。天井空间有利于在湿热的夏季产生阴凉的对流风,改善室内小气候。而且,天井四周的挑檐较深,使天井具有了遮阳与排水的功能。下雨时雨水通过四面坡向天井的屋顶流入天井,并经由天井内的排水沟及地下的排水暗管排至屋外,此排水方式俗称"四水归堂",寓意为"财不外流"。

由于天井式民居有着较多的室外、半室外空间,且不受雨季的影响,利于从事各种生活及生产活动,在鄂西北地区分布较广。

4.2.1.3 围屋式民居

围屋多用于居住,所谓围屋就是围起来的房屋,其平面呈方形,少数呈圆形、半圆形;外墙厚实,耐久性好,外砖内土,既可承重,又可用于防卫,外墙靠近檐口的上部设置观察孔。有的传统民居更是设置炮楼以便于防卫观察,屋顶采用硬山形式。围屋一般够家族居住,房间数量多,大小不同的院落分布在围屋之中,不同院落之间在分隔的同时又能较好地联系互通。

4.2.2 传统民居内部空间布局

鄂西北传统民居分布广泛的十堰和南漳地区,由于地域、文化、交通等各方面的影响因素,产生了各有特色的内部空间布局,街屋与纯居住型的民居又各成体系,特点不同。

4.2.2.1 街屋的内部空间

街屋较多分布在十堰地区,也被称为店宅、店坊,每家的店面横向相连,为了提高集镇上建筑的商业利用率,并考虑集镇上用地限制,建房时在面宽方向不再扩大,而是沿着与街道轴线垂直的方向,有意识地沿着纵深方向发展,从而形成小面宽、大进深的长条形房屋结构。街屋的主要功能是居住和商贸活动,为了便于商品交易与流通,街屋的平面布局大多为前店后宅。

街屋建筑大多设计为1~2层,下层主要为人员的活动空间,上层为储藏空间,楼上楼下空间用简易的木制楼梯联系。临街面第一进多为店铺,用于商业交易活动,临街立面为木板门(称铺板),开间一般为3~5间,宽10~18米,后面是以天井院为核心的生活居住空间。

街屋一般以底层为主要活动空间,上层储物,内设简易木制楼梯,后面是以天井院为核心的合院空间,作为生活起居或者作坊之用。用塞墙(一般是较封闭的实体砖墙)将临街店铺与后面住宅分隔开来,使得商业功能和居住功能彼此互不干扰而又有联系。

4.2.2.2 纯居住型建筑的内部空间

1. 入口

在鄂西北地区,入口是传统建筑重要的表现部分之一。根据建筑规模和形制的不同,入口可能是院落的大门及其空间,也可能是堂屋正中的门。门是传统民居空间序列和功能布局的第一个重要组成元素,鄂西北地区传统民居的入口主要有门罩、门楼、门屋、门斗几种形式(见图4-1)。

图4-1 传统民居入口空间的不同做法

大型传统民居院落在一个方向上通常有几个入口,并划分主次,大户人家往往将入口做成门楼,高大气派,彰显自己的财富与地位。所有入口位置的门都设有木质或者石质门槛。

南漳地区传统民居建筑入口主要采用凹入式单开间"门屋",以屋的形式独立于主体建筑之外。十堰地区则呈现多样化的格局,连间式入口则采用卧槽门,大户人家则采用门斗的形式。

2. 堂屋

鄂西北地区的传统民居大多采用了中轴对称式的布局,等级高的住房靠近中轴线,反之远离。轴线上端的房屋为正房即"上房",轴线下端的房屋为下房。正房明间即为堂屋,它通常为三五开间,与天井或院落相接,是传统民居家庭接待宾客的地方,在传统上一直是宅院的中心,堂屋正中设神龛香案,供奉家族祖宗牌位,是家族或者家庭进行祭祀、会客、议事、聚会等活动的场所。

南漳地区传统民居的正房一般位于中轴线上,其典型形制是三开间,"一明两暗"格局。正房中的"明"为公共空间,用于祭祀、议事和存放祖先牌位,而"暗"是指用于家中长者、父母或长子休息入寝的私密空间。"明"空间是家庭向心力的象征,也是家庭凝聚力的象征。"暗"空间通常以木质与"明"空间隔断。

十堰地区的堂屋空间主要出现在连间式民居,明间为堂屋,其正中靠墙壁位置摆设祖宗牌位,堂屋作为会客、议事、日常就餐、祭祀的地方,所占面积较大。辅助用房分布在其两侧。

3. 房

在鄂西北传统民居中,"房"的数量为最多,在宅院中占了很大的比重,是宅院中的私密空间,房可用于居住,亦可作为辅助用房。根据房的数量多少和排列的方式不同,建筑规模和形式亦不同。房与厅堂的连接关系亦是等级观念的反映,一般正房次间为主卧房,紧邻厅堂,为长辈居住,主卧室一般不直接对外开门,而是进入堂屋后再进入卧室。若是正房五开间,次间与稍间则穿套使用。一家之主的卧室与堂屋相邻,也是尊卑关系的体现。

厢房是与正房垂直布置,位于正房下端两侧的房间,厢房一般是为了解决家族逐渐增多的人口居住问题和辅助用房而设置的,厢房可作为卧室使用,也可作为柴房、厨房、储藏室使用。厢房对于天井的围合起到重要作用,其开间多少直接影响到天井院的深度。若天井院纵向偏长,则厢房不会超过正房的边线,因此一般情况下它们的屋顶也会彼此独立,这样形成的天井院尺寸较大,可以吸纳更多的阳光,若是狭小封闭的天井,屋顶交错并连为一体,天井院与四周房屋浑然天成。门房位于传统民居的入口两侧,通常用来堆放杂物,或给下人居住。

4. 院落

院落空间是鄂西北传统民居的重要空间节点,是由于周边房屋围合而成的空间,是一种积极的室外空间形式,是传统民居室内空间的外部延续。

院落空间的使用功能具有很大的可变性。受到时令、天气,以及当地风俗、礼仪等因素的影响,且因为缺少了顶面的限制,相对于室内活动而言,院落空间内的活动显得不确定甚至混杂,吃饭、洗衣、下棋、聊天等各类家居活动都有可能在院落内进行,从而形成了相对而言无明确功能的虚空间或多功能空间(见图4-2)。此外,鄂西北地区传统民居中建筑的堂屋在其面向院落空间的一面多不砌筑实体墙,而是采用八扇、六扇或四扇的隔扇门,必要时可将隔扇门甚至是门下的地袱统统拆除;这样一来,天井与堂屋的空间就连为一体,扩大了院落和堂屋的使用面积。

院落空间顶部敞口洒进来的光线打破了建筑的封闭性,具备很好的采光功能;同时,院落内部的水池收集檐流下的雨水,然后经地下的排水陶管排往街巷,称为"四水归堂",亦有"肥水不外流"之意(见图4-3);院落空间在竖向

图 4-2　民居内部院落空间

形成的吹拔空间可有效带动空气流动,很好地实现自然通风,如果堂屋前、后均有井、院,还可形成穿堂风,使堂屋分外凉爽。这对在夏季炎热时节降低内部温度具有重要意义。

图 4-3　院落采光与内部排水策略

4.2.3　传统民居结构体系

不同民族、不同地域所采用的建筑结构体系与其价值观念、历史传统有密切的关系,与其所选择的材料也大有关系。中国古代传统建筑的结构体系就是木造梁柱构架,即用木材建造柱子与梁搭盖的方式,又或是砖木结构、砖石结构。

鄂西北地区木结构、砖石结构、砖木结构较为多见;其围护结构体系按其构筑材料可分为土墙、灌斗砖墙、线石墙及片石墙等。承重体系主要有抬梁式、穿斗式、插梁式等构架形式(见图 4-4)。

(1)穿斗式木构架是十堰地区传统民居运用最多的结构形式,其特点是沿房屋进深方向立一排柱子,柱上不设梁,由柱直接承托檩条,檩上铺椽,屋面荷载由檩直接传至柱子。为增强进深方向的拉结力,每排柱子用穿枋贯穿起来,形成一榀屋架,枋仅作为竖向的联系构件,不承重。屋架之间则用穿枋沿

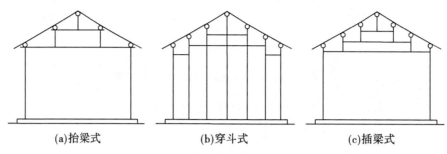

| (a)抬梁式 | (b)穿斗式 | (c)插梁式 |

图 4-4　传统民居结构体系示意图

开间方向连接,形成一个整体的空间构架。一榀屋架的柱子数量根据房间的进深大小而定,多为奇数。穿斗式为取得较大的室内空间,一般不会将每个柱子都落地,穿枋也不一定要穿过每榀屋架的所有柱子,通常是隔柱落地,不落地的短柱骑在穿枋上,位于下面的穿枋可以直接插入檐柱,伸至屋檐下承托挑檐檩。

(2)插梁式木构架类似于抬梁式,屋架的承重构件由柱、梁、檩组成,每一檩条下都对应有柱子(檐柱、金柱或瓜柱),瓜柱骑在下面的梁上,梁尾一端或两端插入邻近的瓜柱柱身。其梁与瓜柱层叠而上,构成多层次的梁柱插榫,所以屋架整体性较稳定(见图 4-5),但位于最下端的大梁因跨度较大,造成中段弯矩较大,故通常在山墙屋架中加设中柱。

抬梁式和穿斗式混合使用也是十堰地区常见的承重体系,俗称抬斗式。十堰地区的传统建筑,除以木构架承重外,还有砖木混合承重体系,因其节省木材,经济实用,在民间被广泛使用。砖木混合承重的房屋,最常见的做法是"硬山搁檩"即不用梁,将檩条直接置于山墙上,山墙成为承重体系的一部分。

4.2.4　传统民居构造特点

鄂西北地区传统民居细部构造节点工艺精湛,下至台基,上至屋顶,均精雕细琢,以保持良好的耐久性及美观性。

4.2.4.1　台基

在鄂西北的十堰地区,因为丘陵山地在土地总面积中占有较大比重,民众尽量将房屋建在背山面水的平坦之地,但伴随着人口数量的增多,用地逐渐紧张,坡地亦成为房屋基址的选择,为了合理地改造和利用坡地,十堰地区的传统民居经常利用台基,既合理利用了地形,又符合了屋主的心理需求。在十堰地区,传统民居设置台基主要有四种作用:一是有"步步高升"的寓意;二是因势利导,利用台基解决地形高差问题;三是将屋身传递来的荷载传给大地;四

图 4-5　民居中的插梁式结构

是形成室内外高差,防止地面水进入室内。

4.2.4.2　墙身

鄂西北地区传统民居外立面高大封闭,底层不开窗或开窗很少(对外封闭);而建筑内几乎所有房屋门窗都向天井院开启(对内开敞)。墙体使用的材料有木板、砖、土,其中由可拆卸的木板组成的木板外墙大量见于商业贸易街上的前店后宅式住宅,这么处理也是由其商业功能所决定的。而大多数民居都选用砖、土作为建筑材料,砖墙和土墙比较多用。

青砖墙常用灌斗墙砌法,具体做法是将砖立摆在墙两面,中空部分灌入碎砖或泥浆。因为墙体中有空气填充在碎砖或泥浆的空隙处,隔热、隔音、保温性能都比较好,同时砖墙可以对木结构的防火起到一定作用。灌斗墙节省材料,施工简单,应用非常广泛(见图 4-6)。

土墙分为土坯砖墙和夯土墙(见图 4-7),土坯砖一般要经过选土、制泥土、固定坯模、取坯四个过程。制坯分为人工制坯和天然取坯。人工制坯一般是将土在坯模中装满并用石杵捣固,再打开木模取出。天然取坯一般要选取低洼的平地、土质适宜的地方,先将场地放水引平,当部分水蒸发后,泥土处于半干状态时即切为坯块,取出晾晒即可。也有在湿润的大草甸上进行取坯的。

图 4-6　青砖灌斗墙

图 4-7　土坯砖墙与夯土墙

具体做法是:先在草甸上找出平地,当草甸子半干时,可直接挖取坯块,进行暴晒成坯。这种坯的性能较好,土坯内夹杂许多草根,能起到固结作用。部分贫困人家直接用夯土墙,夯筑时将模具中间的黏土和以谷草、木条或瓦砾、麻缕等用木柞夯实,若只用黏土,墙的黏结力稍差,夯土墙厚度没有限制,一般不用于重要房屋。为了洁净美观及抵御潮湿,宽裕的家庭会在墙体表面作抹灰、粉刷之类的处理。在建造土墙和砖墙时,为了保证墙体的坚固及保护柱子不受潮湿环境的影响,一般都将其造得很厚,这样可以使柱子完全或部分藏于墙体中。因为室内隔断通常不需要承重,因此常采用木板间壁,也有下部用土坯、上部用木板的。建筑外墙多加粉饰,如土坯墙外用石灰加青色刷成青砖模样,檐口部分的装饰也丰富多彩,或施以彩绘,或雕刻图案,建筑内墙则素面无饰,显示材料本色。

大型宅院更多见硬山顶马头墙式样,尤其是在建筑群的重要部位如厅堂、后堂等,对马头墙的处理更加用心,小型民居一般用悬山式屋顶。马头墙一般采用空斗砖墙的砌筑方式,能减少雨水对墙体的损坏,其中墀头是传统建筑中装饰的重要部位。悬山式顶山墙面的墙体或用土坯砖砌筑或用砖墙砌筑或在土坯墙外贴一层面砖保护墙体,土坯墙不能有效防止潮湿环境的侵蚀,部分土坯墙在关键部位如转角、墙根处用青砖砌筑,而青砖墙用悬山顶既欠美观又欠经济,所以高低起伏的马头墙式样在十堰地区广为使用。

4.2.4.3 屋顶

中国传统民居对屋顶的表现可谓丰富多彩,极具东方建筑之美,屋顶造型不仅丰富了建筑的立面效果,也显示建筑群体内建筑等级及地位,因此各地区各类型的建筑对于屋面的营建都是充满智慧的。鄂西北地区的传统民居屋顶基本只有硬山顶和悬山顶两种形式,相对于全国其他地区而言,屋顶的形式略显单调,但是通过装饰和精细建造技艺,依然可以达到丰富多彩的效果。

鄂西北地区十堰属北亚热带山区气候,夏季多雨,对于建筑而言,基本没有很高的保温隔热的要求。因此,十堰地区民居的屋顶构造简单,便于施工,没有北方的望板和苫背,通常檩上钉椽,椽上覆瓦。天井式的住宅在山墙面通常用砖砌成博风板样式,而街屋因比邻相连,屋顶多在封火山墙处截断。

十堰地区传统住宅的屋面坡度为25度~35度,部分民居屋架前后的坡度大小及坡面投影的长度不相等,创造出错落有致的内部空间,也有把屋面从中下部断开的。由于十堰地区雨多风大,民居屋檐只有向外挑出一定距离才能保护檐下的木质结构不受雨水侵蚀,所以民居入口处多数都会设置出檐较深的挑檐,市镇上的民居入口处通常还会设置披檐。如果墙体是土坯墙或夯土墙,房屋四面都有出檐。

商用住宅的出檐方式比较有特点。如果是单檐,沿街外立面屋檐最简单常见的做法是直接将外墙与屋檐搭接,不加装饰。连间式和前店后宅式住宅为丰富临街立面,一般都会在二层楼板的位置加设披檐。按照披檐所遮挡的房屋间数不同而有不同的称谓。因为披檐的作用是遮阳挡雨,提供从室内到室外的过渡空间,所以如果设置披檐,那么设置在建筑入口上方一定是首选。若披檐的长度等于建筑明间的宽度,就称为"一间披",以此类推,有"二间披"

"多间披""通间披"。"通间披"构造简单,一般直接将披檐两端搭建在建筑两边的山墙上,中间用斜木撑或挑檐枋支撑,一层、二层檐口平均高度大约分别为3.6米、4.8米。采用披檐有以下优点:①防晒防潮,十堰地区多日照,多降雨,湿度大。披檐可以遮挡阳光,同时保护屋身及木质构件。②实用性强且丰富立面效果,在人口众多、街巷不宽的情况下,廊道既是交通空间也是休憩过渡空间,既是对使用功能的满足,又是对街巷小空间宜人尺度的尊重。

根据出檐的方式不同,十堰地区传统民居有檐柱出挑和墙身出挑两种方式。如果把檐柱和檐墙等同的话,广义上也分为硬挑和软挑。挑木是梁头、穿枋的伸长部分即为硬挑,挑木是插嵌在檐柱或檐壁上的短木即为软挑。

4.2.4.4 防火构造

鄂西北地区传统民居基本上均为土木结构,因此在使用过程中防火的考虑尤为重要。传统民居的防火考虑很多(如巷道隔火、烟火塘灭火等),但最主要的还是依靠传统民居单体建筑两端的山墙,它们一般不开窗,可以防火。山墙往往伸出屋顶,压住屋顶的端部。而因为山墙比屋顶高,山墙上端可以不受屋顶的约束而做成各种形状,连接屋顶的顶正脊的墙体部分可以做成圆形或方形,也有在上面盖瓦作为装饰的,还有的墙壁顶端整体做成阶梯形状,让人联想到"龙脊"。这样的墙壁被称为"风火山墙"(或"封火山墙"),顾名思义是为了防止大风掀开屋顶和防止大火蔓延而设置的山墙。但它同时可防盗,兼具美观与装饰功能,因而演化成一种结构形式和构造形式,即使单独建房、无火灾隐患,依然建造风火山墙,正因为风火山墙在各地本土化,造就了各地姿态各异的风火山墙(见图4-8)。

图4-8 不同形式的风火山墙

十堰地区传统民居的风火山墙形态变化丰富,近看则可以看到建筑群中高低错落的小青瓦屋面、精美的墀头、悬山顶两侧的悬鱼,形式有平行阶梯形式,十堰地区的马头墙多见三跌,大型宅院中也有四跌。五跌俗称五岳朝天,四跌俗称北斗七星。一般呈等距离的对称式跌落,随房屋进深、屋脊高度及建筑等级决定跌落层数及跌落高度。弓形马头墙俗称猫拱背,呈弓形,其上以小青瓦覆顶,弓形墙面顶端通常有花形镂空,其下装饰券脚。

　　十堰地区也有将山墙顶部做成人字形的做法,屋脊处仍然是最高点,这种山墙形式比较节省材料,但是并不比屋脊高,所以在防火方面稍弱。马头墙一般高出屋面 30~60 厘米,墀头是重点装饰部位,由砖出挑,周围抹以白灰,粉刷时通常会做花饰,脊顶覆瓦饰,部分脊角用瓦或砖垫高,作"卷草"向上高高翘起,部分用泥灰塑成鸟兽形起翘。有的墀头像一个小型建筑模型,也分为台基、屋身、屋顶三部分,最下面是须弥座,中间作重点处理,一般雕宝瓶、人物等为装饰,上部以檐收顶。平行阶梯形式马头墙的墀头脊顶通常是几组翘角高低错落,形成进退有节、跌落有序的轮廓线。硬山山墙的高度和长度通常达 10 米左右,墙脚厚度在 0.4 米左右,为稳定墙身,通常在墙身上部攀贴铁栓、攀钉并穿进墙内,将木构架与山墙连接在一起,使二者紧密相连。

　　在南漳地区的传统民居中,风火山墙的形式则多是由高出屋面的山花封闭露出屋顶,从而形成山花的起伏错落。山墙头的做法和装饰风格及样式有硬山墙和阶梯形山墙。山花上绘制各式花纹,墙头脊是装饰的重点,脊的结尾有各种起翘手法。在山墙的端部墀头部位重点装饰,墀头一般可分为上、中、下三部分,三面外露,像一个小型建筑模型,最下面是须弥座,中间为主体,一般雕以植物、动物、人物等,上部结合檐部线脚收口(见图 4-9)。

图 4-9　南漳地区的山墙墀头

4.2.5 鄂西北地区传统民居装饰体系

4.2.5.1 门的装饰

老子在《道德经》中说:"凿户牖以为室,当其无,有室之用"。户即是门,牖即是窗。门窗是建筑自然光的唯一来源,如同建筑的眼睛,没有门窗,建筑就会失去光明。鄂西北地区传统民居的门窗有以下特点:一是门窗的设置与安排注重功能性和灵动性的有机融合,讲究人与自然的和谐;二是简而不陋,比例与虚实的搭配体现出节奏感;三是门窗的建筑装饰丰富多彩,题材寓意丰富,工艺技法精湛,既是艺术技巧的展现,又是历史文化的传承。

鄂西北传统民居对于门窗设置与安排十分科学,显示出一种高雅灵动、闲适从容、简约精致的特点:一是门窗设置与安排注重功能性和灵动性的有机融合,讲究人、自然和窗子的和谐交流,开门纳吉、临门迎宾,当窗如画、品茗吟诗;二是简而不陋,高雅明透,宽与窄、实与空的对立统一,有鲜明的节奏感;三是门窗装饰题材丰富,顾盼生辉,百看不厌,既是艺术技巧的展现,又是历史文化的传承。

传统民居大门大致可分为四个等级:广亮大门、金柱大门、蛮子门、如意门。广亮大门在等级上仅次于王府大门,是具有相当品级的官宦人家采用的宅门形式。其特点是宅门有中柱,中柱上安装木制抱框,门扉位于中柱的位置,将门庑均分为二。门前有半间房的空间,房梁全部暴露在外,又称"广梁大门"。

金柱大门与广亮大门的区别主要是门扉不是设在中柱之间,而是设在金柱之间,并由此得名。这个位置,比广亮大门的门扉向外推出了一步架,门前空间没有广亮大门那样宽绰。

蛮子门是将槛框、余塞、门扉等安装在前檐檐柱间的一种宅门,门扉外不留容身的空间。其木构架一般采取五檩硬山,平面有四根柱,宅门、山墙、墀头、饿檐处做有装饰。

如意门是普通老百姓使用的大门,做法是在前檐柱间砌墙,在墙上居中部位留一个尺寸适中的门洞。门洞内安装门框、门槛、门扇等构件。门口上面的两个门簪常做出如意形状的花饰,以寓意吉祥如意,如意门名称由此而来。还有一些民居为了使大门更突出,在如意门外加上一个门罩,又称门脸。这种门脸大致有五种形式:一是如意门外罩一个石牌楼;二是罩一个半亭;三是如意门两边抱出一个墀头;四是如意门上边罩一个燕子楼;五是歪门斜道,即如意门是正的,内门不与如意门平行,而是与如意门呈一定的角度,便于内门的对外取景,形成良好的景观视角。上述五种不同门脸做法真实地反映了老百姓对细部营建的细致考虑和对美好生活的向往。

有的民居采用蛮子门,所不同的是虽将槛框、余塞、门扉等安装在檐柱间,但檐柱挑出一步檐楔,门扉外仍留有一步之遥的容身空间。这种做法既没有违反相关规定,又充分考虑到南方遮阳避雨的需要,充满了建筑智慧;还有种做法,外边是如意门,里面又做一个广亮门,一般只开如意门,遇有重大事情和接待则打开广亮门;更巧妙的一种做法是里面是广亮门,外面直接将如意门抱出,两边做封火山墙,既不违背规定,又气派。

隔扇门是房屋外檐装修的门,又称为格子门。常用在一个房屋的明间和次间的开间上。可分为四扇、六扇、八扇,依开间大小而定。大户人家常将几间房子都用隔扇门,显得庄严美观。隔扇门由棂心、绦环板、裙板加上边框和抹头组成。按抹头的多少区分为三抹、四抹、五抹、六抹四种形式。抹头有着十分明显的时代特征:抹头越少,时代越早,抹头越多,时代越晚,这是由于人们对隔扇门抹头的悬挑力学结构认识所致(抹头越少,隔扇门越容易变形)。隔扇门有良好的比例权衡和虚实关系,在尺度上能灵活调节。多开间的木构架房屋,明、次、梢各间的面阔宽窄不一,扇门在长度不变的情况下,适当调整门的宽度,以适应开间的这种变化;在明、次、梢各间开间宽窄变化差别很大时,还可以用不同的扇数来调节。如明间用六扇,次间用四扇。这样不仅方便,而且风格统一。

自古以来,"宅以门户为冠带",扇门作为建筑形式美的重要关注点,主要装饰部分多精雕细刻,雕刻有各种吉祥物和飞禽走兽,特别讲究的人家还雕刻历史人物典故的贴金像,神态逼真,美轮美奂。门形之美展示着造门者的智慧,也反映各个时代的审美情趣和理想追求,各民族的隔扇门也是民族文化符号的承载体。

鄂西北地区传统民居入口多设置有门楼、门脸、门头、门楣,建筑装饰也集中于此,连槛、门簪、门槛除承担门体结构的功能外,也需要对其进行美化加工,起到装饰属性,例如:门簪的外形有四方、六角、八角、圆形,门簪上多雕刻装饰且题材多样;无论是石门槛还是木门槛,也都有雕刻装饰,费工不多却构思巧妙,此外,门钹、包叶等小构件的装饰也别出心裁。大门多为广亮大门、蛮子门等,广亮大门的做法充分考虑到鄂西北地区独特的气候特征,是遮阳避雨的需要,充满了建筑智慧。门楼内设置有垂花门廊,两侧的墙或用细砖拼砌或用白灰罩面;蛮子门的门扉外则不留容身的空间,大门两旁设置门石墩。隔扇门常用在传统民居建筑的明间和次间的开间上,由棂心、绦环板、裙板加上边框和抹头组成。隔扇门利用精雕细刻的装饰可以平衡室内外的虚实关系。

4.2.5.2 窗的装饰

因鄂西北地区山峰错落,沟渠纵横,传统民居建筑装饰中常见植物花草类装饰题材,包括花卉形与草形,常见有各类名花、丰硕果实及卷草图案等。植物花草题材的建筑装饰大多用于传统民居建筑的门窗或照壁上,最常见的是植物花草与动物造型的组合纹样(见图4-10)。从植物花草类装饰图案的寓意上来说,可分为两类:一类是体现主人精神品格的植物花草图案,如"四君子"梅、兰、竹、菊,"岁寒三友"松、竹、梅等植物;另一类是有吉祥、富贵寓意的植物花草图案,如牡丹、荷花、石榴等,反映出了人们的伦理观、生育观和对于美好生活的向往等。

图 4-10　常见的窗装饰纹样

传统民居中的窗户因通风和采光的需要演变出很多类型,一般可分为长窗、槛窗、支摘窗与合窗等。窗户用上好的杉木、柏木制作,棂心窗花雕刻十分精致,典型图案是吉祥类的福(蝙蝠)、禄(梅花鹿)、寿(麒麟)、喜(喜鹊)、牡丹、兰花等。有的花窗上还贴有薄薄一层金箔以显示富贵。读书人家的裙板等处雕有诗词书画,信佛的人家门板上刻有"佛教八宝"、万字纹等图案,从门板上的棂花就可以判断出这家人的审美追求。

长窗形式一般由竖向的边梃、横向的抹头组成框架。常见的为四抹头桶扇窗,从上而下依次为边梃、绦环板、抹头、棂心、抹头、绦环板、边梃七个构件。绦环板常有浮雕;棂心为镂空花格和浮雕,明清时期,棂花上糊纸和半透明纸片,民国时期则用玻璃。长窗的用途是间隔内外,高度和门相类,安装在抱框中,有轴穿在上下两框的孔内,长窗开间数目多是偶数,通常为六,构成形式具有独特的装饰性,并采用象形、会意、谐音、借喻、比拟等手法,在装饰中创造出丰富多样的造型、图案和题材，寄托着幸福美好、富贵吉祥的寓意，丰富而洗练，朴实又高雅。槅花板按照木质可以分为楠木、樟木、柏木、黄杨、红木等，根据木质不同有不同的雕刻手法和表现形式，如圆雕、浮雕、线雕、透雕等，一般以人物、历史故事见长。长窗的组成为成双成对，一组长窗多时有十几对，可形成一套完美的装饰。经过雕刻的长窗还可以嵌入无色或有色的透明玻璃，既可避免风的侵入，又可透进光线，还能审美怡情。长窗的优点是开启面积大，密封性好，隔音、保温、抗渗性能优良，且内开式长窗擦窗方便，外开式长窗开启时不占空间。

　　槛窗又称半窗，高度约为长窗的一半，由格心和上下抹头组成，槛窗的尺度和常见的现代窗户相似，槛窗一般用于面向天井和院子，与房屋门平行相连，上抵梁枋，下接槛墙。有固定式槛窗，也有可以推启或转开的。形制大体一致，由两侧边梃、上下四抹头、抹头之间的绦环板和槅心组成。槛窗的优点是防御性优良；扇窗可作为隔断和装饰，为防止木材受气候影响胀缩，拼合设计十分巧妙，体现出传统民居独特的建筑装饰思想。尤其是移民地区传统民居的窗户，其上的雕刻是鄂西北地区独特的文化符号，除给人以审美体验外，还充分反映出鄂西北地区的地域性文化。

　　隔扇窗是厅堂的隔断装置，形同一把打开的折扇，作为厅堂的分割，在有大型活动时，为满足宴集、聚会的空间需要，可以拆装，十分方便；另外扇受气候影响，木质材料会明显胀缩，如若用大块面积做出一个整体，不仅制作难度成倍加大，还会干裂或潮胀鼓破。所以，用隔扇窗拼合设计原理非常科学。

　　合窗就是大方窗，又称支摘窗，开窗方法为支起上窗、摘下下窗，多数用于厢房。

　　明清之际，门窗装饰开始汲取家具制作的经验做法，注重保持杉木或柏木等的天然纹理和自然色泽，仅在外面刷上一层桐油，使木雕门窗以天然木质纹理显露出其特有的装饰效果，产生粗与细、深与浅、刚与柔的对比与变化，各种平面图案通过木格纹理的相互交错展示出韵律感，体现出古朴、淡雅、沉稳的古典意味，构成了良好的人居环境；在空间装饰上，门窗可作为隔断和装饰，在充分满足各自功能性的同时，又为整个家居空间增添一抹浓郁的民族风情，以独特魅力的文化符号，演绎出古典文化的精髓。无论室内室外，只要门窗安排巧妙，便可观可赏，取得步移景换的效果。厅堂居室之内，雕花门窗与室内装饰、家具陈设相映成趣，恰到好处。雕花门窗还起到了精美画框的作用，将室外的美景嵌入画框中，透过镂花的门窗能够观赏庭院内的"山光水色"和竹影婆娑，信步于庭院又可透过花窗欣赏厅堂内精美的装饰。

雕饰的窗棂、镂空的扇,把室内外空间装点成了一幅幅立体的图画,使庭院和居室的空间似隔非隔,室内与室外的景致若隐若现,处在这样的环境氛围中,尽情地享受其间的意境,使生活理念、艺术追求与自然精神含蓄地融为一体。丰富多彩的传统木雕门窗装饰艺术,不仅能够给人以美的享受,构件所蕴含的美学意义还反映出人们的生活情趣和艺术修养,渗透着典型"荆楚文化"的缩影。

4.2.5.3 屋顶装饰

湖北传统民居大多为两坡水硬山顶。明清时期随着制砖技术的提高和硬山顶技术的成熟,砖木结构的民居,开始大量采用硬山结构。其特点是两侧山墙高出屋面,并把檩头全部包住,屋檐不出山墙。这种硬山建筑外形大气,建造方便,结构稳定,非常适合居住,特别是带有封火山墙的硬山式民居,有利于防火、防风、防盗,很快成为南方民居的首选住宅形式。由于各地气候、风俗不同,审美观点的差异,同是两坡封火山墙的硬山民居,无论是屋面举折,还是封火山墙的造型,都凝聚着自己的审美观点,形成了较大的差异,正是因为这些差异造成了地域建筑的独特性和标志性。

鄂西北传统民居在屋面坡度的设计上非常科学。屋面坡度举折为五举(约为27度),坡度较缓,脊檩至檐檩呈一条直线。这种坡度不仅减少了屋面受风面积并减弱了太阳辐射,又能将屋面雨水高效排走。尤其是考虑到冬天屋面有积雪冻结成冰块,在雪化时,冰块上部受阳光照射开始融化,下部因室内温度向上的影响也开始融化,这种两头融化的大型冰雪块往下滑时,如果屋面坡度太陡,冰雪块下滑的冲击力就会对屋面瓦坡和脊饰造成撞击破坏;屋面采用27度平缓坡面不仅能顺利排除冻结冰雪,而且冰雪下滑缓慢,不会对屋面形成破坏。除结构和构造的合理性外,还体现了建筑物的形状与自然的协调性。

在屋面排水设计时,考虑功能与美观的双重要求,屋面檐口设置有如意形图案滴水瓦,大多呈"V"形,将下落的雨水集聚在一个点上,以便抛洒得更远,减少雨水对墙身的侵蚀,屋面坡向院落内部,雨水流入天井中,吻合"肥水不流外人田"的传统观念。屋面跟墙体交界的檐口,为防止流下的雨水渗入墙体,檐口处分级砌有出挑的"出檐"(见图4-11)。为了使出挑的檐口美观大方,一般都做有泥塑浮雕花饰和雅五墨彩画,十分讲究。

屋面的正脊作为坡屋面两坡相交的最高点,既是结构上的重要部位,也是视觉中心,是装饰不可缺少的部分。为了防止漏水,屋脊做法考究,常见的有两种做法:一种是用板瓦排列成行,压住两坡瓦头的上口,起锁定瓦面的作用,

图4-11　民居坡屋面

脊中座头用瓦片搭成简单的几何图案;另一种是先在屋脊砌二路青砖,以压住两坡瓦头,增加牢固性,在青砖上面,再密叠一层小青瓦,用青灰砂浆固定,再进行装饰,脊饰造型有元宝脊、清水脊、鞍子脊等。元宝脊多用于筒瓦屋面;而鞍子脊用于板瓦屋面;清水脊是最为复杂的一种,它既可用于筒瓦,又可用于板瓦屋面。清水脊屋顶的瓦垄有高坡垄和低坡垄之分,低坡垄上的正脊称为"小脊子"。正脊在结构上由脊身、脊头和脊中三部分构成,脊中座头用瓦或灰浆堆砌成各种民间祈福避邪的图案:福、禄、寿和宝珠、葫芦等,具有加固和稳定长脊的功能,由于座头图案造型具有飞动和升腾感,客观上起到一个聚焦视点的作用;脊头变化较多,以抽象图案为主,有凤凰起翘脊头、有飞鸟脊头等。正脊除具有压住瓦面的功能外,还具有相当于鸱吻的避邪功能。

　　鄂西北民居屋面举折与脊饰的设计智慧,在理性的主导下渗透着一些浪漫,在美化屋顶结构和节点的同时,注入文化性的语义和情感性的象征。脊饰除固定建筑结构的作用外,还弥补了建筑物上部空间造型的平淡,使单调的屋脊线富于变化,增强了屋顶轮廓线的流动感和韵律美。通过构件塑造的形象,消除了庞大屋顶带来的沉重、僵拙、压抑的消极效果,带来了宏伟、挺拔、雄浑、飞动和飘逸的独特效果。

第5章　鄂西北地区传统民居的时空演变

鄂西北地区传统民居的产生和发展经历了漫长的过程。民居在各个阶段中的发展背景、地域特征等方面存在很大的不同,诸多的差异不同程度地促成了民居风格的地域差异,地域差异及地域特色从民居源头阶段就逐渐开始和形成了。从考古发掘的资料来看,鄂西北地区传统民居可以追溯到旧石器时代,秦汉时期至宋元阶段为形成期,元末及明清时期为成熟期,清末及民国时期为衰败期。

5.1　鄂西北地区传统民居发展的典型时期

5.1.1　史前时期鄂西北地区先民的居住遗址

关于我国最早的建筑样式,张良皋将其划分为巢居、穴居、庐居,这三种形式是民居建筑的不同类别。鄂西北地区很早就有了人类生活历史及其民居营建活动的痕迹。

距今约 200 万年至 1 万年是建筑考古学家所称的旧石器时代,具体又分为早、中、晚三个时期。根据考古发掘的资料,距今 70 万~80 万年前,鄂西北地区最早出现居民,如郧县梅铺镇龙骨洞梅铺猿人遗址,该遗址位于郧县县城(现为郧阳区,余同)东北 82 千米的梅铺镇西寺沟口村杜家湾龙骨洞。龙骨洞是一个比较大的水平岩溶洞,洞口朝向西北,距山顶 40~45 米。洞底高出附近的滔河水面 40 米。

在鄂西北十堰地区的兔子洼遗址采集的旧石器时代晚期的石核、石片、刮削器石类样本可以说明,先民的加工工具有了比较多的种类及性能上的改善,为洞穴在深度上的掘进打下了基础。从考古发掘的资料来看,鄂西北地区的先民主要依靠洞穴生存。

进入新石器时代,人们由单纯依靠狩猎和采集果实及根茎作为生活资料来源的单一经济模式逐步发展为农耕生产,并且成为人们攫取生活资料的主要手段。农业生产大大改善了人们的生活条件,居民们的生活居住地位置趋于稳定,定居生活进一步扩大了农业生产,同时促发了最早期的聚落雏形出现。

新石器时代大部分居民已经开始筑房定居。特别是到了新石器时代早期的中、晚阶段,人们大部分已定居在适宜于进行农耕生产的浅山区河岸台地上或丘陵区距河较近的地方,而且形成了众多大小不同的聚落且出现半地穴式房屋建筑。从考古发现来看,新石器时代,众多大小不同的聚落逐渐形成,迄今为止发现了近百处新石器时代的聚落文化遗存(见图5-1)。

图5-1 新石器时代鄂西北地区聚落分布

新石器时代中期,房屋都为地面建筑,形制为长方形;房屋长度在5米左右,有单间和双间两种类型,多在南面开门。在青龙泉遗址中发现了单间和双间两种结构的房屋遗迹,并都设有灶台或灶坑。

新石器时代晚期,房屋有圆形浅穴式和长方形多间式,圆形的直径较小,仅为二三米;长方形房屋台基高出地面,四周有烧土斜坡,主要存在于房县七里河遗址中。

对于聚落选址而言,大部分先民都选择在适宜农耕生产的沿河台地或者丘陵地区。远古时期的村落多位于地势高且平坦、土壤肥沃的平原地带,与水的关系密切。多处在两河交汇的"汭"位或河流转弯的"澳"位,易于灌溉且不受洪水侵袭;整体上兼具安全性,背山面水,出现寨墙或环壕等安全设施;传统村落中心一般是公共建筑或举行集体活动的场所。根据考古发现,屈家岭文化时期,聚落有郧县的鲤鱼口遗址、青龙泉遗址、大寺遗址;竹山县的霍山遗址;房县的羊鼻岭遗址;丹江口市的观音坪遗址、林家店遗址;十堰城区内的康家湾遗址。从这些地区出土的文物来推测,早期先民聚集在此地生活了极其漫长的时间。屈家岭时期的房屋均为长方形,门朝向东北方向开启,承重结构大部分为木构架,墙基下多挖有窄而长的沟槽,内填经过烧制的土块。围护墙体为木骨泥墙,里外以烧土掺和黏土建成,墙皮和居住面大多经火烧烤,室内居住面上均有"灶台"。

从民居建筑空间构成看,能进行整体空间分区的不多。从建筑功能划分来看,此时出现多种建筑物以及聚落,比如供居住用房屋、公共建筑、灰坑、陶窑以及诸多类型组合成的聚落。聚落已有居住、生产生活、墓葬建筑的分区,反映了民居建筑空间布局方面的进步。

从建筑材料看,新石器时代晚期,人们使用的材料主要有木料、石料、泥土、稻草谷壳等。

当时的民居已有鄂西北地区民居营造技艺雏形,民居建造时要挖沟槽基础,用烧过的块体放置其内可达到防潮的目的,墙皮经过火烤提高耐久性。总体来说,当时的民居营建技术相对比较原始,房屋结构也较为简单。

5.1.2 秦汉时期的鄂西北地区传统民居

从先秦时期开始,鄂西北地区一度成为移民迁入的重要地区,得益于鄂西北境内分布的诸多重要河流,移民进入时的交通相对于陆路而言更加便捷,加上鄂西北境内山林密布,交通不便且远离朝廷的管辖,是移民栖居的理想之地,且在用兵打仗时,进可攻,退可守,具有重要的军事意义。历史上多次农民起义都选择此地作为屯兵集粮、与敌周旋的根据地,历史上爆发的多次农民战争在失败后,义军残留人员为逃避官兵追杀,往往躲避于十堰山区,从此生活下来。移民的大量涌入并聚集于山地,农业活动逐渐兴旺推动了农业发展,场镇、集市逐渐兴起,推动了长江中游段商贸型聚落及民居的发展。唐代,全国版图划分为十道,鄂西北地区为"山南道"所辖,城和邑分为府城与县城两级。此时鄂西北地区的聚落军店还只是朝廷的一个辅驿,供过往军马歇息之用。到宋代增加了镇一级,并将全国划分为十六路,鄂西北分属"京西路南路"和"陕西路永兴军路"。此时的府州城和县城仍然是最为重要的城市,规模较大的集市逐渐出现。

秦汉时期是鄂西北传统民居的波动期。此时期的鄂西北传统村落在"自组织"模式下更加多元。传统村落在选址上注重生态环境的保护,提倡可持续发展;在空间布局上有宗族、乡亲等观念,主要体现在以宗祠为核心的公共空间、"分家"形成共本同源的新村落老村落、"远亲不如近邻"的异姓杂居等。

5.1.3　元末及明清阶段

元末,社会动荡,战争频发,加上自然灾害、瘟疫的影响,大量流民进入秦巴地区开荒种地以求谋生,鄂西北地区正是处于陕南移民的通道上,因此大量移民进入,一度有"工商皆外来、工匠无土著"的现象。周边地区部分人口迁到鄂西北地区,这些地区"土客矛盾"随之上升,加速了人们对于建筑防御性的思考,于是防御功能突出的围屋式民居出现,围屋规模有大有小,但用青砖砌筑外墙,高处设置瞭望口,增强了建筑的防御性,同时也提高了建筑的耐久性(见图5-2)。

图 5-2　民居外立面瞭望口

元代由于统治者松散的土地赋税政策,促使地方宗族势力逐步壮大,但是因为北方连年战乱,使得血缘宗族呈现出南强北弱的特征。明嘉靖年间官民开始被允许祭祀始祖,并进一步发展为可"联宗立庙",宗祠建筑在此时期也快速发展。

鄂西北地区气候条件宜人,生态系统绝佳,物产资源丰富,利于农业生产,移民在此可以获得比原居住地更好的生活条件,因此鄂西北地区的移民迁入持续了一千多年。对于建筑文化影响最大的,要数江西文化、徽州文化。此时各地的民居继续向前发展,在营建规模方面受到朝廷营建制度的限制。《明史·舆服志(四)》(室屋制度)记载:"一品二品厅堂五间九架……三品五品厅堂五间七架……不许在宅前后左右多占地、构亭馆、开池塘","庶民庐舍不过三间五架,不许用斗拱,饰彩画"。清代也有类似的规定。一般来说,三间、五间为最常见的厅堂正房间数,除王公贵族或特别显赫者外,通常不用七间正房。鄂西北地区的传统民居因地制宜,平面格局呈多路多进,装饰淡雅,不与朝廷的政策冲突。

明清时期汉水流域的城市格局发生了一些虽然看似细微但却影响深远的

变化:首先,明清两代基本上继承了元代所创立的行政格局,在这种格局下,襄阳丧失了一级政区行政中心的地位,其传统的政治经济影响范围被分属于三个省;在明中叶以后,其西部又分置郧阳府,它直接管辖的州县只剩下 7 个(襄阳、宜城、枣阳、南漳、光化、谷城、均州)。明中叶以后,从襄阳府分置郧阳府,从而促进了以郧县为中心的鄂西北地区的凝聚与形成。

在该时期,传统村落的大格局基本形成,十堰和襄阳的南漳、保康等地形成了一定数量的传统村落。以传统村落为依托,兴建了大量传统民居,这些民居兼具南方建筑的精致和北方建筑的豪迈,因地制宜,自我生长。伴随清代在全国的统一大局基本形成,鄂西北地区也逐渐走向稳定,传统民居的建造达到高峰。此时,鄂西北地区传统村落已经显现功能突出、根植地域的特征。功能突出是指传统村落呈现出丰富的功能类型及其相对应的空间形态,比如靠近市镇和码头的传统村落形成主街、商铺等商业元素,一般沿街道或河流带状发展;具备防御功能的传统村落建造寨墙、寨河、炮楼等军事元素,一般呈圆形或方形发展等。根植地域是指在多元文化交流和商业贸易氛围的影响下,传统村落内的建筑制式虽有一定等级上的划分,但在楚文化熏陶下并不过于强调礼制约束。

在民居建造方法的选择上,依然沿袭湖北地区"编竹葺茅,以代陶瓦"的古老方法,即取常见的竹柱与篾编,组合成为墙体骨干,然后在外面涂稻糠泥。江汉平原地区旧时民居所用材料都是芦苇秆、稻草、泥、茅草等。由于古时水灾频繁,又没有有效的防洪措施,先民住所不定,砖石材料缺乏,加工不易,所以这种泥壁茅顶的房屋成为常见的民居形式。其优点是建造简单,经济适用,易建易弃,适应了贫困农民的生活需要。明清时期沿汉水流域一带,有钱人修建的民宅所用石板都不是当地材料,而是通过汉水运送至此,但是贫民用来铺地的石材却是卵石,毫无疑问是就地取材。

明清时期的建筑样式融汇了南北建筑风格。鄂西北地区所见的民居样式大多受到北方四合院的影响,以间为基本单位,围合成一进到多进院落,且中轴对称,体现主从尊卑关系。鄂西北传统民居虽然在形制上沿袭的是北方四合院的做法,但是在此基础上又有变化:外墙高大,除檐口外基本不加粉饰,很少开窗,用清水青砖构筑。为适应鄂西北地区多山的地形,大宅通常筑台而建,山野中的民居则抬高勒脚。造型上最典型的特征就是运用封火山墙。封火山墙造型多样,无论是单进院落民宅,还是多进庄园,都无一例外地采用这一符号。

建筑的空间关系显出中原传统建筑的沉稳厚重与大气威严,而建筑造型及细部的处理又融入了南方民居的纤细柔和与精美华丽,如厅堂的门窗、栏杆、额枋节点处多以植物、动物等纹饰作装饰,所饰图样不完全相同。院落也不似北方为争取阳光而做得宽大,更多的是为适应气候建成小天井。

在建筑材料的选择上,鄂西北山地传统建筑的建造活动中依旧遵循"就近取材"的原则,选用较为多见的木材、生土、砖、青石,建造时利用各种材料的性能,恰当地发挥各自的作用。木材质地坚韧,具有一定的抗压和抗弯性能,在长短、粗细、榫卯接合等方面均满足施工要求,其加工性能优越,具有亲切的自然纹理,工艺可塑性较大。木材在承重构件中主要加工成柱子、梁架、楼板等;在围护构件中一般做成隔扇门窗或者其他装饰构件。生土热工性能好,防火性能优越,且取材容易,但其不抗弯矩、不防水,一般夯筑或者砌成土坯砖,施工简单,用于围护墙体。火砖抗压性能优越,不抗弯矩,耐火防水,耐久美观,施工方便,一般用于主要围护墙体,偶尔也作承重结构。石材坚固,耐久性好,大户人家一般使用外地加工好的石材,制成石制的门槛、门框或用于院落铺地,小户人家则用当地取材的卵石,砌筑房屋勒脚或用于院落铺地(见图 5-3)。

(a)天井处地面做法　　(b)门槛内部地面1

(c)门槛内部地面2　　(d)室内刻痕地面

图 5-3　民居地面对石材的应用

各种材料的选取和运用在鄂西北地区已有一套理论,建筑不同的开间、进深的控制、柱子的高低,以及梁架随房屋体量大小而选用的建筑材料等,都基本实现了建造的标准化。

5.1.4　清末及民国初期

民国时期是中国从数千年的封建传统社会向近现代文明社会转型的过渡时期;同时,也是近现代物质文明、精神文明、科技文明、政治文明逐步确立、形成、发展的阶段。民国时期带着传统封建社会的印记,但是国民政府的建立、共和体制的确立,在客观上,为前述文明的发展、社会的进步扫清了障碍,提供了新的空间和新的时代内容。全国各地的地方民居文化也在这一发展过程中呈现出一些新的特点和新的内涵。

此时鄂西北地区由于之前过度的垦殖,水土流失严重,土壤亦变得贫瘠,农业经济也随之衰退,年轻人外出谋生,传统村落新增很少,传统民居的建造也趋于简单化,在城镇化发展迅速的大背景下,传统村落及传统民居遭受了巨大的破坏。

鄂西北地区传统民居的空间格局是以长期的人口迁移后的空间分布为基础的。明清时期,外来人口的频繁迁入加速了区域传统民居特征的定型和内化。但随着营建材料的变化、城乡建设的互动,鄂西北地区传统民居空间分布出现收缩的态势,并一直持续至今。

5.2　鄂西北地区传统民居时空演变过程分析

基于鄂西北地区考古发掘以及文献记载的材料来看,鄂西北地区的传统民居虽在远古时期(新石器时代)已有起源,但伴随着社会历史发展,处于各方交融之地的鄂西北地区民居更多地受到了外来文化的深刻影响,吸取了各地建筑技艺的精髓。尤其是明清时期,官方规范《营造法式》的指导性影响,民居的营建呈现了城乡互动的局面,鄂西北地区传统民居的空间格局也基本定型。

鄂西北地区传统民居在长期发展过程中形成了特有的空间特征和发展规律,空间特征主要体现在民居建筑的空间结构、组群布局、营造技艺和民居类型、空间对称等方面。湖北民居群在空间演变方面形成了一些明显的阶段性规律。

5.2.1　传统民居聚落的类型属性分析

鄂西北地区传统聚落从石器时代发展至今,主要的社会活动包括农耕活动、商贸活动、政治活动,这三种不同类型的活动促成了聚落之间的差异,也带来了传统民居在建造过程中的差异化发展,因而在村落属性划分上主要有农耕型、商贸型、防御型三种类别。从整个鄂西北地区的发展历程来看,农耕活动是最关乎人的生存需求且影响政权稳固的活动,因此成为各个时期的主流活动;商贸经济实践是人们在满足自给自足的基本生存后,对于商品和服务的需求活动,这一类型的活动表现要弱于农耕活动;在奴隶制与封建制度下,统治阶级为获取或巩固政权与利益而开展的各类活动,都可以视为政治活动,这一类型的活动对于各地的农耕或者商贸活动有直接显著的影响,从而在一些地区会因防御和治理需要而设置军事防御型重镇。

在历史发展进程中,聚落类型并不是一成不变的,不同历史阶段不同的活动可能导致有一些村落属性发生改变。某一些特定时期内的商贸活动促使一些农耕型聚落转型成商贸型聚落。因为鄂西北地区地处大山,同时是"川盐古道"的必经线路,当时的交通不发达,盐业运输只能依赖于人力,在盐业运输的过程中,盐夫们每走一段就要停下来休息补给,因此川盐沿线上出现了供盐商、盐夫们停脚歇息、提供补给的驿站。久而久之,这些驿站逐渐变成供客商消费和商品交换的人流和物流集散地,原本靠农耕的聚落在漫长的历程中转变成为服务盐运的商业型聚落。

5.2.2　传统民居聚落演变的起伏变化分析

在历史发展演进的过程中,不同时期的主导活动导致了传统聚落演变呈现起伏性。夏商至先秦时期,各国的政治活动控制力量不强,人们的自由生产活动占主导,人们比较自由地开发土地、林地等资源,聚落从而呈现"自发生长";秦汉至宋元,政治实践居于主导,村落随政治实践中的军事活动和各种制度干预而"波动增长";明代,政治活动影响下和自愿自主的大量移民内迁使传统聚落数量显著增加;清代至民国时期,政治活动影响下的移民热潮与农耕活动的全面开展,使得村落数量大增,奠定了当今鄂西北地区传统村落的基础。

各地区人口的迁移、繁衍与生产活动保证了村落发展呈现相对的连续性。鄂西北地区的村落发展基本未有间断区间,虽然不同的历史时期都遭遇了战乱、灾荒或瘟疫所致的损毁,但未曾阻断人员的流动、繁衍,人们为谋取生存和基本的生活保障,生产劳动及人口延续亦未曾终止,这样一来村落便得到了长期相对稳定的发展。人口是村落发展的根基,从鄂西北地区历代人口数量与村落数量的统计资料来看,村落数量基本伴随着不同的历史时期人口数的波动式增长而保持递增的趋势,从表 5-1 可以看出,明清时期移民的迁入促使鄂西北地区的人口数量呈现逐步上升的趋势。

表 5-1　不同时期鄂西北地区人口数量变化

区域	明成化八年 (1472 年)		明正德七年 (1512 年)		明万历七年 (1579 年)		清嘉庆二十五年 (1820 年)	
	户数	人口数	户数	人口数	户数	人口数	户数	人口数
鄂西北	9 922	38 698	12 014	116 754	11 063	107 469	119 464	848 428

由表 5-2 不难发现,在历史演变过程中,鄂西北地区有不同规模的城镇聚落生长,比较各个不同时期城镇聚落的数量变化,不难发现在明清时期,伴随着人口数量的快速增长,城镇聚落的数量也大幅增加。

表 5-2　鄂西北地区不同历史阶段城镇聚落数量统计

地区	隋	唐	北宋	明	清
鄂西北	9	7	5	17	37

5.3　鄂西北地区传统民居时空演变发生机制与内在动因

5.3.1　鄂西北传统民居时空演变机制

在历史发展过程中,人类为了谋求生存而不断地进行生产活动,为了实现更好的生活而不断地进行各类实践活动,在人类开展各类实践活动的同时便形成了历史,故传统聚落是伴随着实践活动而产生和发展的,人类的实践是传统聚落演变的基础。在人类的实践活动中,主要有以下几种类型。

5.3.1.1　农耕活动

农耕活动以人的生存为目的,从而有效地驱动了传统村落的时空演变。"农,天下之大本也,民所恃以生也。"中国历代以来都非常重视农业生产活动,农业为众业之本,是国民生存的根基。依靠农业活动生存,进而因生存需要而聚居,必然形成了推动农耕型村落产生的第一要因。

从先秦时期至民国,鄂西北地区山地资源丰富,山势回环,山体覆土层由碎石末与枯叶多年腐化而成,土层较薄,只适合根系发达的植物生长。山间偶有梯坝,山民视若珍宝,世代拾掇耕种,乐此不疲。民勤稼穑,于山湾溪角尽垦水田。山内居民因对稀缺土地有着天然的热爱,养田种苗肯下力气,把山内稀少的耕地收拾得井井有条。山内民众绝大多数以耕种、养殖为生,也有一小部分山民以狩猎为生。这样的开垦活动,加上政府为了提高生产力以及确保粮食自足,故而保障人口在鄂西北地区生长繁衍,推动农耕型聚落在鄂西北各地的发展。

5.3.1.2　经济活动

相对于农耕活动而言,经济活动注重以人的发展为目的,在人们进行经济活动的同时促发传统聚落的时空演变。在人的生存问题解决了之后,自然会对更加美好的生活产生需求,即发展的需求。经济活动在先秦时期就出现了,最开始的经济活动来源于自然资源,位于鄂西北山区内的民众最大限度地对山内资源进行开发利用,开展各种生产经营活动。除了开荒种田,人们还在笋厂、纸厂、盐厂、木耳香覃厂、药厂、金厂等厂打工,养家度日。山内的厂子规划较大的有几千数百人,也有规模较小、用工数十人的小厂和小作坊。当地拥有竹林的居民,到了夏至时节,就会进入竹林,女子摘笋,男子砍竹,把竹笋、竹子拿到厂里售卖。

随着社会的不断进步,以及外出打工的人们带回来的信息,推动了其他经济活动的发展。由于生产分工和农业商品化不断推进,鄂西北境内丰富的河流资源、便捷的水陆交通,促使了对外经济活动逐渐活跃,推动了码头等商品集散地演变成为商贸型聚落。在明清时期,商品的生产、流通及消费显著发展,在继续产生商贸型聚落的同时,也推动着农耕型聚落转型为商贸型聚落以及传统聚落的城镇化。

5.3.1.3　政治活动

政治活动是以统治阶级巩固政权为目的并影响农耕、经济活动而推动聚落的时空演变。在古代,政治活动是统治阶级的专属活动,其他阶层无法参与,其根本目的在于维护统治阶级的政权和统治。奴隶社会到封建社会,统治阶级采取了各种措施实施管辖,对聚落演变产生重要影响的包括土地政策、移民政策(尤以明清"江西填湖广"为盛)、道路拓展、农业与商业的示范引导等,这些措施的推进均需农耕、经济活动的辅助,推行的结果之一就是聚落的生成与演变。

鄂西北地区地处鄂渝陕豫毗邻地区,山地资源丰富,自秦代或更早时期已有流民隐居于此,当地官员多次镇压流民。"隐形"山地间的流民具体的生产经营状态很难被人知晓。明成化年间,鄂西北地区依然属于官府力量范围的边缘地区,他们在这里过着自给自足、不役不赋的生活,为传统聚落的形成打下了坚实的基础。

5.3.1.4 **混合型活动**

三种活动互相交织影响,共同驱使聚落时空变化。在鄂西北地区历史演进过程中,基于人的不同需求,三种活动相互影响,共同作用,形成了传统聚落特定的时空演变条件。不同的历史时期,聚落通过生存、发展、转型、消失而表现出新旧共存。

5.3.2 鄂西北传统民居时空演变的内在动因

传统民居的发生和发展是伴随传统聚落的生长变化的,聚落和民居都是人类活动的必要物质载体。对于人类而言,其在本性上是具有政治性的,因此人的活动具有政治属性。在历史发展进程中,被统治阶级的农耕活动与经济活动受到统治阶级政治活动的强烈影响。从历史大众(被统治阶级)看,政治活动虽是一种行动,但从其影响程度而言,它已经构成了人的实践环境,即人的行动与行动作用下的聚落演变是在政治活动的干预下进行的。

人口的生产活动是各种活动开展的先决条件,也是聚落形成的关键性活动。人是全部人类活动和全部人类关系的本质、基础,由人口的增殖方汇成聚落。鄂西北地区的人口生产包括移民迁入与人的生育繁衍。正是因为生产劳动活动,人与人、人与自然建立起紧密的实践关系,不仅为聚落的发展提供动力,也为聚落共同体的延续提供支撑。

从鄂西北地区各种活动的发展历程来看,不同历史时期、不同政治环境下的各类活动,都发挥了人的主动性,人们能够自觉自主、有目的、有计划地繁衍、流动与劳动。各种活动受动性与能动性看似对立,却在人类活动的历史过程中形成统一,传统聚落在历史活动的对立统一中发生着时空演变。人口生产活动、物质生产活动、政治活动对传统聚落的发生、发展产生了内在的推动作用,构成了传统聚落时空演变的本质。

5.4 鄂西北地区传统民居发展演变的脉络特征

鄂西北地区传统民居的结构体系传承了中国传统建筑的结构体系,以木框架结构为主,多为土木结构或砖木混合结构。木材料耐久性不佳,但是可自由移动,这样的特点为人口的地区迁移提供了便捷的条件,也为不同地区的民居在当地生根发芽提供了良好的基础。木框架结构体系有穿斗式和抬梁式两种,分别与规模和高度需求相对应,民居建筑结构在很多情况下是两种方式的结合。

　　鄂西北地区大量的移民迁移进入本地之后,当地的人口数量必然会增长,原来单栋建筑已经容纳不了更多的人口,必须扩大,由于家族血脉文化的影响,传统民居依靠已有的民居进行边路的扩展,从而带来平面组合的变化,规模大一点的村落会由于空间形态的改变直接影响到整个村落的空间布局。人们在当地安定下来后,居民之间的交流成为常态,互帮建房逐渐成为常态,于是就有了小范围营造技艺圈的形成。

5.4.1　鄂西北地区传统民居空间演变的特征

5.4.1.1　空间结构方面

　　鄂西北地区早期的民居受人口规模及地理环境的限制,空间规模比较小,当时的木材资源丰富,结构形式一般采用抬梁式。这种方式既有利于防潮,又可提供开阔的视野。后来,抬梁式结构体系被官式建筑或公共建筑所采用。官式建筑一般成片进行布局,公共建筑又需要开阔的周边环境,二者分别在规模及高度上得到了充分发展。

　　魏晋南北朝之后,随着宗教建筑以及书院建筑在民间的发展,对传统民居的发展产生了较大的带动作用和影响。比如一个家族中的公共祠堂建造时会向这些公共建筑靠近,抬梁式结构得到普遍采用。对于一个人口较多的大家族建筑或者村落,建筑高度均在二层以上;二层一般用来唱戏或储物。为保证高度,公共祠堂的正堂一般采用抬梁式,两侧多采用穿斗式结构,为后期可能的增设预留了空间。

　　在农耕时代,人们除了具有祖先的信仰,还有对耕读文化的维护,书院建筑往往成为普通民居效仿的对象,以宋元时期为多。元代以后,鄂西北部分地区人口不断增加,给当地的治安带来一定的难度,社会不稳定,民居建造时需要考虑防御性,因此横向规模的扩大成为趋势,穿斗式结构成为营建新民居的主要结构体系。明清以后,穿斗式体系成为非常普遍的需求,特别是在平原谷地,成片集中式布局的民居多为穿斗式架构,房屋正堂偶尔采用抬梁式架构。

　　总体来说,在鄂西北民居发展过程中,支撑结构整体比较稳定,空间布局上以横向扩张为主,每户人家的独立性较强,延续了家族血缘型居住的特点。

5.4.1.2　组群布局方面

　　以木结构为主的鄂西北地区传统民居建筑体系在平面布局上具有比较简明的组织规律,既以单栋民居组成院落,又以院落为单元组成多种形式的组群,多个组群有的拼成村落,有的散点布局,自发生长。大型的民居院落呈现"多路多进"的局面,较小的民居建筑平面布局多为一明两暗形式,外围的附属空间较小,大多让位于公共空间。

随着人口数量的增加,居民营造建筑时开始营建庭院,单栋的民居多以对称形式出现在庭院中。在人口迁移过程中,在山区落脚的居民,营造庭院时主要强调庭院的公共性,且同步考虑庭院的防御功能。在人口的空间移动中,同一批次的人在不同的地域中会选择不同的民居形式,特别是组合方面,新环境、新的人口结构都需要作出新改变。

不同的村落人口结构会随着迁入时间的先后不同,带来其后的多姓氏分片集中布局的情形。每个姓氏的民居独立布局,整体来看,每个姓氏的民居庭院都差不多,因地形的起伏稍有差异。

受耕读文化的影响,鄂西北部分地区对民居建筑空间秩序十分讲究。村落里十分重视正堂的作用,一般以此为核心组织民居群。从外围看,这样的村落及民居则较为普通、简洁。

5.4.1.3　营建技艺方面

鄂西北地区传统民居的营建更多地融合了南北各地的营建技艺,营建技艺成型时间稍晚。明清之后,鄂西北民居建筑在建筑材料、结构形式以及工匠水平方面都发生了较大的变化,主要的变化多是进步的,在各种碰撞中取得进步。在变化过程中,地方技艺的差异性让位于现代技术的统一性。这种让位在交通便捷的地区相对普遍,比如在水路、铁路发达的地域,建造方式和建筑样式都有变化,但在相对偏僻的地区,传统民居的变化相对较小。

鄂西北地区民居营建技艺在明清以来实践频繁,但总结相对较少。在鄂西北地区亦根据各地的特点具有了一定的地域差异,比如在十堰地区、襄阳南漳地区、随枣走廊地带都呈现不同的特点,在空间上形成了多元交叉的格局。

5.4.2　鄂西北传统民居发展演变的阶段性规律

在人口迁移、社会动乱及外域渗透的激烈斗争中,明清及民国时期鄂西北地区传统民居地域分布形势奠定了当前的分异格局。但具体细化到每个历史阶段,其空间的演变又有各自的特点。明代鄂西北民居分布以十堰地区为多。到了清代,鄂西北传统民居分布范围有所扩大,以襄阳南漳县分布居多。民国期间,传统民居空间分布范围持续缩小,这与人口的减少和战火的破坏不无关系。具体而言,不同历史时期鄂西北地区传统民居的空间演进与动态变化的人口及变化的时代背景有一定的相关性。

5.4.2.1　鄂西北地区传统民居的空间分布与人口分布之间的关系

鄂西北地区传统民居的空间分布在多数情况下与人口的空间分布相一致。从秦汉起,北风南渐,鄂西北地区的文化受北方的影响多起来,一直延续至宋元时期。从人口的空间分布和民居留存点的空间分布来看,二者有高度的吻合性。虽然行政区在不断地调整,但这种相关性始终没有被打破,而是得到持续强化。

后来,城镇化的推进对城乡人口规模及数量变化产生较大的影响。城乡人口数量的变化,导致位于市镇的传统民居快速更新或者消亡。于是,城乡传统民居留存出现了空间分布点的收缩,即城市化影响较大的地区已基本没有多少传统民居留存,城市化较晚的地区传统民居消失的时间则比较晚。

5.4.2.2　鄂西北地区传统民居特征演变的阶段性规律

鄂西北地区传统民居发展过程呈先慢后快的趋势。宋元之前,鄂西北地区民居的发展主要局限于省内自发生长,外界对其影响较小。宋元时期北方多战乱,人口多往南方迁移,鄂西北地区是主要迁入地之一。明代以来,鄂西北地区民居发展同时受内外多种因素的影响,逐渐本土化,形成了自己的民居类型。因外地迁入进来的移民定居,从而产生很多新村落,加速了已经成型的民居类型的空间拓展。

明代鄂西北地区传统民居发展的主题是"迁移与根植"。"迁移"主要是人口的迁移,有政策驱动迁移的,也有自发迁徙的。自发迁徙的原因主要是人多地少的矛盾,也有战争侵扰,内迁至鄂西北地区以保一时平安。"根植"是指鄂西北地区民居风格的逐渐形成,随着人口迁移进入,移民带来的民居建造文化渐渐根植于当地,并与当地的文化冲突后融合,最终形成自己的风格,特别是江西、安徽以及中原地区建筑文化的进入,为鄂西北传统民居的发展提供了有力的参考条件。

清代鄂西北地区民居的特征呈现出"发展"的趋势。清代鄂西北地区的经济和人口格局基本定型,条件富足的人们在宅院的建造方面精雕细琢,造就了众多极具地方特色的传统民居,并流传至今。

第6章　鄂西北地区传统村落及民居的空间分布

　　鄂西北地区的传统民居在明清之前的研究甚少,主要的研究类型为明清时期营建的民居。当前鄂西北地区传统民居空间分布格局在明清时期就已经基本定型。现存的鄂西北地区传统民居的空间分布以分散的"点"状聚集为特征,这些分散的"点"多以传统村落、历史文化名村的名义得到了一定的保护。

　　鄂西北地区传统民居数量分布的不平衡性、新旧特征的交叉性,经过长期的积累使得区域特征鲜明。从全国范围来看,鄂西北地区有部分民居类型可以与之对话;就区域层面来说,鄂西北地区与周边也有可比之处。

6.1　鄂西北地区传统村落及民居遗存的分布规律

　　在古代,村落的选址取决于诸多因素,如地理位置、气候特点、地质条件、水陆交通、政治经济等,不同类型的村落对选址条件又有不同的侧重, 因此不能一概而论。但是,许多古村落得以保存并留存至今,其分布仍有规律可循。对于鄂西北地区遗存的传统村落来说,从宏观上看,十堰地区的传统民居主要分布在古代交通要道旁,比如川盐古道、茶马古道等,也有分布在地域环境相对独立的地区;南漳境内的传统民居大多分布在大山之间,安静怡然。从微观环境来看,主要分布在背山面水、田连阡陌的小环境里。

6.1.1　分布在古代交通要道旁

　　古代的交通要道不仅商品和生活物资丰富,往往也是信息和文化的传播交流之地,容易形成政治、经济和文化中心。然而当政治中心或交通重心发生偏移时, 这些中心聚落逐渐归于沉寂,日益衰落的经济慢慢尘封了往日的繁华,古老的面貌才得以留存至今。鄂西北地区也存在这种类型的传统村镇,主要受到川盐线路的影响,因盐而兴,因盐而盛,因盐而衰。比如十堰地区的军店镇、黄龙镇等。

军店镇位于房县中部,历史悠久,文化底蕴浓厚,距离县城仅 13 千米。军店镇原为军马铺、下店子两小村落,军马铺在西,下店子在东,相隔一河,该镇依山傍水,地势平坦,四周丘陵环绕,风景秀丽。该镇自古为关津要隘,是历代进入房县的军事要塞之地,又是古时运盐要道之一,经济发达,商业繁荣。在历史上,军店镇区内出现过房山关、房山庙、房山庙渡、房山庙塘、军马铺、下店子市等诸多职能设置。阴历三月初三的“来会”,是该镇的传统赶集日。据乾隆五十三年所修的县志记载:“三月邑西房山庙、显圣殿,皆演戏赛会,四乡迁集者络绎奔趋、蚁聚云团,堆山塞谷……”民国二十九年,将军马铺与下店子两村落合并设置区辖镇,各取一字曰“军店”镇。

据明万历《郧阳府志》记载,军马铺在明末之前已经发展成为具有规模的集镇。根据军店镇居民吴全兴家族的《吴氏族谱》记载,道光三十年(1850年)幼年吴全兴与母亲从沔阳逃荒军店镇时,下店子中下街已经形成具有规模的街市,所以吴氏家族在下店子上街建宅,从道光年间往后,下店子上街逐渐发展。在清道光年间至民国初期这段时间内,下店子上街逐渐发展起来。据《房县文史资料(1988)》记载,至民国初期,下店子街道长 980 米,军马铺街道长 420 米。这与现在笔者实地测量的结果相差无几。也就是说,在民国初期军马铺与下店子两村已经相连。根据新版《房县志》记载,民国二十八年,军店古镇遭遇兵匪祸患打击,伤亡惨重,发展就此停滞,交通的重心也从此转移。曾经发达的军店镇经济出现了停滞,传统集镇景观才得以遗存至今(见图 6-1)。

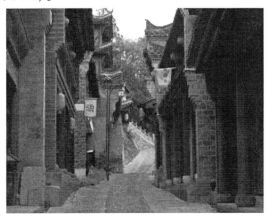

图 6-1　军店镇街道及民居风貌

类似的情况还有黄龙镇,黄龙镇地处十堰城区西大门,西邻郧县,南接竹山,位于汉水上游与中游的结合处,地理位置上的特殊性使其成为当时联系汉水沿线市镇的重要水陆要道。作为郧南重镇、郧阳山区的重要物资集散地,黄龙镇逐渐发展,形成了商贸活动频繁、物资富足的商业重镇。

黄龙镇凭借良好的水路环境,沿水路上可近至十堰竹山、竹溪,远至陕西、四川等省份;沿水路下则可达襄樊、丹江口以及汉口等地。当时的黄龙镇,镇内商贾云集、商铺林立、街市繁华,被人们誉为"小汉口",是当时鄂西北地区的商业、文化、航运中心。

受到同治年间接连战乱的影响,黄龙镇的发展开始走向衰败期。根据史料记载,诸多战事都发生在十堰周边,严重影响了该地区商品经济的发展。作为以水运商贸为主要经济来源的集镇,影响黄龙镇发展的主要因素则在于交通方式的转变。据清同治《湖北郧县志·驿道及邮塘传讯》载,十堰境内,仅靠"四铺""五塘"连接,组成两条商旅大道,即"南北有铺四:小岭铺、花果园铺、西沟铺、岳家铺;东西有塘五:黄连娅塘、白浪塘、茅箭增、花果园塘、黄龙滩塘",余下皆是自然小径,交通十分闭塞。直至民国十二年,即1923年,开始修建老白公路,十堰地区交通方式彻底转变,黄龙镇正式进入衰败期。

由此可见,这些地处古代交通要道之地的古村镇往往历史悠久,自然条件优越,古建筑不仅规模宏大,而且类型丰富,常常包含古民居、古商街(古驿道)、古亭、古戏台、古门楼、古炮楼、古祠堂、古塔、古渡口、古码头、古桥、古井、古寺庙等,具有较高的历史文化价值。

6.1.2 分布在地域环境相对独立的地区

由于鄂西北地区地处南北交会地带,移民活动频发,迁居鄂西北地区的陕西人、江西人把先进的文化带入鄂西北地区的同时,也把移民与当地土著人、移民与移民之间的矛盾带了进来。基于这些因素考虑,许多移民村落在选址上偏向选择地域环境相对独立或封闭的地区,因此具有"易守难攻"的地理优势。如在距今六百多年的十堰冻青沟村、建村已有四百多年历史的襄阳南漳县漫云村等,其形成与元末明初"江西填湖广"的移民政策有着密切的关系。

冻青沟村位于十堰市郧阳区胡家营镇辖区内,由冻青沟村、三岔村、老庄村三村合并而成。村落始建于明成化年间,距今已有六百多年的历史。冻青沟村南北地形悬殊,南部山高路险,北部谷深狭窄,只有中部较为平坦开阔。进入村落的沟口一面临着汉江,其余三面被群山环绕(见图6-2)。

南漳县漫云村(见图6-3)历史悠久,古称漫营。唐末曾有马姓家族在此繁衍,因其地势险要,易守难攻,马家招兵买马,修墙建寨,并妄图称霸,士卒多

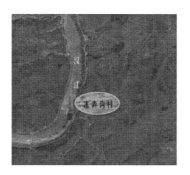

图 6-2　冻青沟村地理环境

图 6-3　漫云村地理环境

时漫山遍野都是营寨,漫营之名由此产生。后来马家被朝廷绞杀,漫云村一度成为衰败荒凉之地。明末该地有难民因战乱迁入,其中包括来自肖堰镇观音岩的敖氏家族始祖——敖广万。难民从各地迁居至此,建房垦荒,繁衍子嗣,漫云村逐渐成为古代动荡社会背景之下人们避难移居的世外桃源。漫云村只有一条道路与外界相连,从其选址看,具有非常明显的领域意识和安全防御目的。由于地处偏僻,交通不便,这些分布在地域环境相对独立地区的传统村落在经济发展受到阻滞的同时,也避免了"乱世战祸"和"现代文明"的冲击得以保存下来并延续至今。

6.2　鄂西北地区传统村落遗存的分类

传统村落的分类方式很多。根据鄂西北地区传统村落的特点及该地区的经济文化活动对传统民居的影响,可以分为血缘型和保护级两种类型。

6.2.1 根据村民血缘关系进行分类

根据村落内部村民的血缘关系,可将传统村落划分为杂姓村落和宗族村落,它们从内部组织到外部形态均表现出较大的差异。

6.2.1.1 杂姓村落

杂姓传统村落是指由多个姓氏居民混居,且各姓氏无宗族组织或宗族组织薄弱的传统村落。当某地或扼商贸要道或土壤肥沃物产丰饶时,便会吸引外来移民前来落脚,渐渐结社成邑,成为重地缘意识、轻血缘观念的杂姓聚居村落。这类村落在北方居多,这主要缘于北方历代战乱众多、移民频繁。

杂姓村落的基层组织是社,每社数十户,社首由村民推举产生,一般由村里有威望、有文化且有一定经济实力的人担任。社往往拥有地产和房产,具有一定的经济实力。有些杂姓村落布局是无序的,但有些杂姓村落在"社首"等权力机构和权力人物的介入下,明确地以社为基本单元,布局和形态依然呈现出一定的规律性和自组织性,比如房县军店镇即为杂姓聚落。

6.2.1.2 宗族村落

宗族村落是指由一个或几个姓氏聚族而居的传统村落。他们往往重视以宗祠为标志的宗族组织建设。这类村落在中国传统村落中占绝大多数,南方尤甚。中国社会素来推行宗法制度,这是一种维系家族血缘关系乃至巩固封建生产关系的制度。自周代推行宗族制度起,中国的宗族制度经历了先秦典型宗族制时代、秦唐间士族宗族制时代、宋元间大官僚宗族制时代和明清绅衿平民宗族制时代等四个阶段,其中宋元间的大官僚宗族制提倡重建宗族组织,其主要形式是用祠堂、族谱和族田将同一祖先的子孙联结起来,聚族而居。这种聚族而居的宗族组织形式,如果说在宋元时期主要由官僚大力倡导并实践的话,到明清时期,由绅衿主导的平民宗族组织得到大力发展,聚族而居成为明清社会体系的主要特征。

宗族村落又可分为单姓聚居村落和多姓聚居村落两类。单姓聚居村落是指一个家族占绝对主导地位的村落。当某姓始祖定居于某地后,随着子孙后代的自然繁衍和房屋院落的不断增建发展而形成,在后期发展中可能有他姓居民迁入,但人口所占比重极小。在这种村落中,政权和族权多合二为一,体现出极强的血缘观念和宗族意识,在村落布局和外部形态上也体现出高度的和谐性和整体性。多姓聚居村落是指村落中存在两个或两个以上的宗族,他们相互独立而又彼此协作,共同谋求发展。在这种村落中,如果有一族的政治经济实力相对较强,一般就会拥有村落的领导地位,在外部形态上就会出现一族居于中心地位,而另外几族呈卫星状散布于周围的形状。如果几个宗族的人数、政治、经济实力不相上下,就会形成宗族联合领导体系,在聚落的外部形态上也呈现出均衡发展的形状。

鄂西北地区的传统村落,以宗族村落居多,较少有杂姓村落。比如南漳县板桥镇雷坪村,陶姓占大多数,是陶氏家族聚集地。位于陶家祠堂门前的"修建陶家祠堂碑"始立于清乾隆年间,于清嘉庆十三年重刊,其铭文记载:"陶氏原籍隶河南汝宁府雀(确)山县,明成化元年(1465 年)始迁湖北襄阳府南漳县,支派分脉二百年于兹矣"。说明陶氏族人于明成化元年,即从河南确山县始迁徙于南漳。陶氏家族移民荆山板桥后,以务农为本,尤其注重文教,有着良好的耕读传家的传统。陶氏一族人才辈出,成为南漳县板桥镇的名门望族。

十堰地区冻青沟村,据何氏家族的族谱记载,冻青沟传统村落的形成主要是由郧阳何氏家族的迁徙活动造就的。明成化十五年(1479 年)何氏祖先迁往冻青沟,由子孙后代在冻青沟发展壮大,到清代建成了壮观的何氏庄园。何氏家族为冻青沟村主要的人口组成。十堰市竹溪县新洲乡的烂泥湾村是一个由翁姓家族自清乾隆年间开始营建的血缘型宗族聚落。烂泥湾村是以翁氏庄园为核心的聚落,全村有 20 多户人,80%的人都姓翁。

6.2.2　根据保护级别进行分类

根据保护级别的不同,传统村落可分为国家级历史文化名村、省级历史文化名村和一般性传统村落。

6.2.2.1　国家级传统村落

为了突出具有较高历史文化价值的传统村(镇),2002 年修订的《中华人民共和国文物保护法》首次对"历史文化村镇"概念进行了定义,即为"保存文物特别丰富并且具有重大历史价值或者革命纪念意义的城镇、街道、村庄";随后,2003 年建设部(现住房和城乡建设部,余同)和国家文物局在公布中国首批历史文化名镇(名村)的同时,又进一步对历史文化村(镇)的概念进行了阐释,即"保存文物特别丰富并且具有重大历史价值或者革命纪念意义,能较完整地反映一些历史时期的传统风貌和地方民族特色的镇(村)"。历史文化村(镇)的遴选和命名制度的成立标志着我国历史文化村镇保护已步入法治化轨道。此后,建设部和国家文物局又在 2005 年、2007 年、2008 年及 2010 年相继公布了第二、三、四批和第五批国家级历史文化名镇(名村)。截至 2019年,中华人民共和国住房和城乡建设部与国家文物局已公布七批中国历史文化名镇(名村),共计 799 个,其中包括 487 个名村,312 个名镇;划定了历史文化街区875片、历史建筑2.47万处。湖北省共有270个村进入中国传统村落名录,鄂西北地区二十余个。

6.2.2.2　一般性传统村落

除国家级传统村落外,鄂西北地区尚存大量未入选的传统村落,即一般性传统村落。这些传统村落中,有的村落物质文化遗产和非物质文化遗产较为丰富,集中反映了地区建筑文化和民俗风情。比如十堰烂泥湾村、下店子村,南漳县板桥镇鞠家湾村等。

国家和各省在建立历史文化村镇保护制度之前,一些历史文化村镇由于文物古迹丰富或历史传统建筑(群)保存较完整,相继被列入全国重点文物保护单位或省级文物保护单位而得以保护。此外,还有诸多传统村落中具有较高历史文化价值的古建筑也被相继列入省级或国家级文物保护单位。这种分类、分级的保护制度既有利于突显某些传统村落的保护价值,也有利于针对不同等级和类别的传统村落或文物制定出相应的保护措施。

6.3　鄂西北地区传统民居的空间分布

现存鄂西北地区传统民居主要分布在十堰、襄阳两地的各级历史文化村(镇)、传统村落中。作为国家级传统村落的延伸,湖北省公布了一批省级传统村落名单,其主要目标是入选第六批中国传统村落名单;很多省级传统村落后来被列入国家级名录。

6.3.1　十堰市部分传统民居

6.3.1.1　房县军店镇民居

房县位于湖北省西北部、十堰市南部,处于大巴山余脉,汉水流域中上游,是我国中西部结合的关键部位,"西控秦蜀,东捍唐邓,南制荆襄,北连商洛",是楚蜀咽喉之会,为国家要地,其有着"秦陕咽喉,荆襄屏障"的美誉。军店镇始于唐代时期,房山西麓有官兵把守的重要隘口,房山东侧山顶有香火旺盛的房山庙,军马河渡口有朝廷设置的军马铺。到了民国时期,下店子与军马铺两个集镇已经相连,古镇街道两旁建筑绵延,整体呈现了完整的带状形态。

古镇的建造选址依然受到朴素自然地理理论的指导,追求背山面水、负阴抱阳的理想模式。选址时首先确定山水格局形态,再去寻找接近于理想选址模型的地形。军店镇位于房山、诸葛山、龙王山、红山之间。镇内有三条河流(汪家河、军马河、盘峪河)汇聚从山间绕过,造就了军店镇的山水风光。军店镇的山体、水体呈现了非常完美的规划格局,也是不断吸引人们定居的重要原因,并且在军店镇漫长的发展中,也一直呈现依山傍河,顺应山体、水体的特征。

古镇的发展也需要依靠周边的自然条件,在农耕活动为主的时代,农田在古镇选址时也是重点考虑的因素。通常的选址条件往往要求地势平坦、土壤肥沃、水源充足。充足的农田决定了自然环境容许的聚落扩张弹性。在农耕生产阶段,还未出现商品买卖,居民的基本生活都需要刀耕火种来保证。军店镇在长期的历史进程中得以发展,人口得以扩张,还是因为周边较为充足的山间谷地以及低山地区,可以广泛进行耕种,以保证农民的生存需求。

军店镇的建筑以老街为主要代表,呈现比较好的明清风貌,老街内前店后宅、上店下宅式的建筑临街而建,顺应地形高差变化,形制统一,形成了统一丰富的临街建筑景观,也体现了因地制宜的特点。

军店镇民居有着独特的文化内涵和建造特点,在商贸繁荣时期,主要街市用地紧张,故每家建造住宅时沿街面不能太宽,从而自然促使了"前店后宅式"建筑的产生。沿街为商店铺面,后为居住内院,内院根据需要进行纵向延伸。铺面采用"铺板门",正立面设置六扇或八扇活动木质排门,白天可卸下,面向街道完全开敞内里的柜台,吸引顾客,方便经营。前店后宅式建筑也多有阁楼,阁楼不住人,多作为储藏货物之用。

在有些自然条件比较特殊的地段,建造房屋的用地受约束的程度更大,建筑布局时后院无法进行多次的延伸,也因此出现了下店上宅式建筑,这种建筑绝大多数只有一个天井院。一层为排门式立面,作商业用途,二楼为店主生活和居住的空间。

非沿街地段的纯居住建筑,在建筑形式和用地上就可自由发挥。一般为"一明两暗"式建筑。一明两暗,明间作为堂屋,是会客、议事、聚餐的地方;次间为附属用房,作起居之用。纯居住式的建筑在用地宽裕的时候,屋主可根据自己的需求在房屋两端或者次间前顺外墙或次间里面再建一偏房,形成"一明两暗加披屋"或"一明两暗半偏厦"的格局,披屋和偏厦都为辅助用房。

古镇没有特别突出的某一单姓家族,基本为杂姓聚落,但由于商贸原因,沿街面的大部分区域都呈现"房房拼合、户户相连"的聚居形态。沿街相邻两户的街屋通常共用一道山墙,从而形成了连绵不绝的沿街界面。同时,屋脊都大致对应,从空中俯视,建筑群的肌理相当清晰,整体呈现为格子状的肌理。

古镇多年的商贸繁荣发展导致周边的环境容量达到极限,新加入的移民过来后,已经很难加入那边的社会生活,但是不想放弃驿道旁便利的交通和优越的商业环境,他们便选择在下店子上街建造房屋。上街山路狭窄,地势较为陡峭,用地非常受限。为了适应这种地形,建造房屋时呈现了新的形制和格局,主要有单一连间式民居、吊脚楼式和高台基式三种类型。

单一连间式民居平面的组合主要由正房及两侧厢房构成的统一整体,沿开间方向展开,立面的长度视开间而定,一般为一明两暗三开间,由于靠近山体,用地受限,建筑无法纵向延伸,所以大多沿面宽开间方向横向拼接。

吊脚楼式与高台基式一样,都是为了解决高差问题。只是因为入口方向不同,吊脚楼式靠近岸边,而高台基式依靠山体,所以产生了街道两侧不同形式的演变。

6.3.1.2 十堰冻青沟传统民居

冻青沟村位于十堰市郧阳区胡家营镇辖区内,由冻青村、三岔村、老庄村三村合并而成。村落始建于明成化年间,距今已有六百多年的历史,是一处藏在鄂西北深山里的典型明清古村落。郧阳区地处鄂豫陕三省边界,位于秦岭南坡与大巴山东延余脉之间、汉水上游下段,汉江沿岸散布了大大小小、各具特征的古村落,冻青沟村就是其中的一个。

冻青沟村位于汉江南岸,鄂陕两省交界之处,与陕西省白河县邻近。村落地理位置独特,东、西、南三面被群山环绕,北向村口朝着汉江。村落距离郧县城关镇约 72 千米,沿着汉江逆流而上,距离陕西的白河县城关镇只有约 21 千米。从冻青沟向西逆江而上 5 千米为横跨汉江的将军河大桥,顺江东下约 10 千米至郧县乔家院墓群。

明成化年间(约公元 1479 年),何氏祖先迁往冻青沟,随后其子孙后代在冻青沟发展壮大,到清代建成了壮观的何氏庄园。冻青沟古村落格局完整,属于典型的山地村落格局,内部山脉纵横交叉,整个村落由两道山谷交叉成"Y"形。村落南北地势差异较大,南部山高路险、北部谷深狭窄,只有中部较为平坦开阔,也是村民聚居较密集的地方,最终形成了沿古道溪沟的带状村落布局(见图 6-4)。

现存的清代冻青沟民居基本采用了一明两暗、一明两暗一厢房和一明两暗半偏厦三种基本空间形制。"一明两暗"中的明间一般作为堂屋,两侧次间为辅助用房,一般多作为卧室之用,或是通过将一明两暗作为基本单元进行组合形成"连间式"的基本形制。一明两暗一厢房则是为满足居民增长的生活需求而演变出的平面形制,在一"间"的基础上加一厢房。"连间式"是冻青沟村的基本民居形制,其空间序列也体现了村落世代沿袭的传统礼制——居中为尊。

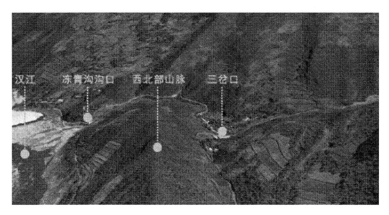

图 6-4　冻青沟外部空间形态

来源:《清代鄂西北山地血缘型聚落与民居空间形态研究》(张瑞纳)。

　　院落式民居在初唐时期就已在湖北地区出现。深受中国传统礼教思想影响,此类民居形制为前堂后寝,具有明显轴线,居中对称。灵活的院落式民居可以形成单栋、三合院、四合院以及复杂的多进院落,以满足各种家庭的使用需要。冻青沟古建筑主要的空间布局形式为多路单进四合院,多路单进三合院,三开间、五开间单进四合院,连间式三合院等。如冻青沟村杨泗庙为三开间单进天井院落布局,由正殿、拜殿、两侧连廊以及天井院组成;何氏祠堂则为单进三天井合院式布局,两侧围房与正房围合成了狭长天井院(见图 6-5)。冻青沟村传统民居的平面形式常为对称多路少进四合院式,建筑一般为单元重复的合院式,正堂、门庭、两边厢房围合成一个内部开放、对外封闭的生活空间,并具有明显的轴线。

　　冻青沟传统民居中大部分采用的是穿斗与抬梁混合式的结构体系。其中大部分建筑主体结构用木构架承重,外墙体则主要采用青砖或生土砌筑,内部的分割墙体或门扇则采用木材。也有部分民居采用砖木混合承重体系,采用"硬山搁檩"的做法,让山墙与木构架共同来承重。此种做法比较省木材,是比较经济的做法。一般民居的屋顶均为单檐硬山顶,有少部分用到了重檐硬山顶,如村落里的娘娘庙为重檐硬山屋顶(见图 6-6)。封火马头山墙则较多采用人字形与阶梯形的式样,在山墙的端部一般有上、中、下三部分组成的墀头,上部以叠涩出檐收顶,中部为主体,绘有植物花卉或人物图腾等,下部则为须弥座。建筑屋身一般采用石材、土坯、木材、青砖等综合材料,从而达到较好的使用与展示效果。墙面则一般采用青砖砌筑,用暖石堆砌墙基,且不作额外粉饰。宅院勒脚则通常用毛石砌筑,这样能达到坚固、美观、省材的效果。

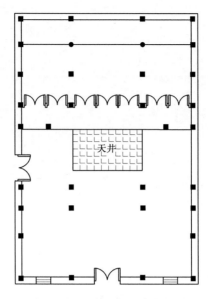

图 6-5 何氏祠堂单进院落平面

图 6-6 冻青沟村娘娘庙重檐屋面

　　冻青沟村传统建筑普遍采用的材料基本是一定历史时期当地所产的木材、砖、青石、生土等。在冻青沟村传统建筑中均可发现多种材料的综合运用。质地坚韧，具备良好的抗压、抗弯性能的木材便于加工成各类大木作的结构构件或是在小木作中雕刻镂空装饰构件或者门窗。生土一般夯筑或者砌成土坯砖，只用于围护墙体。砖有时作为承重结构，大部分时候用于围护墙体。石材有着持久耐磨、质地坚硬的特性。从外地运回加工的石材一般使用在大家族的一些宅院建筑上，用在门框或门槛上，还有用来铺设院落，也有普通民宅用卵石砌筑勒脚或铺设院落。

此外,民居硬山墙外屋檐周边、封火山墙上均有水墨绘画或钴蓝花草纹。建筑的装饰文化表现形式十分丰富,包括彩绘、脊饰、木砖石雕,一般在门头、抱鼓石、屋檐、屋脊、柱础、山墙、院落廊道的木质隔扇等地方出现丰富的装饰。装饰的花纹、图腾均寓意着吉祥富贵,色彩以青黑色为主。

冻青沟村传统民居色彩以灰、青、土黄色调为主。有各种形式的封火山墙,檐口或墙头砌筑常做叠涩拔檐;墀头形式多样,一般成对设置,略往上翘起,墀头装饰形式有彩画、浮雕等;山墙顶部外檐常有装饰带,包括彩绘和灰塑形式;门窗形式多样,有漏窗、隔扇门窗、雕花门窗等;部分民居还有独特的滴珠板特色的装饰构件。

6.3.1.3　竹山县竹坪乡解家沟村高家花屋

高家花屋位于解家沟村一组,四周群山环抱,一条干涸的小溪从建筑前流过,从走向看是流入汉江,汇入长江,奔向大海。高家花屋建于清代中期,坐南朝北,面积约600平方米,为一座古朴雅致的老宅。此地至今流传的民谣:"高家盖房,三十年散板",应该是说其建造者历时30年,方成此屋。传说中花屋的创始者是高方,祖籍湖北武昌德安府安陆县。清嘉庆年间,幼年高方与母亲讨饭流浪至竹山、秦古一带,时人称"高叫花儿"。青年时期,高方体壮力强,卖功度日,因食量过人,遭雇主嫌弃,后浪迹于赌场,由于生性豪放,胆识过人,赌博赢多输少,短期之间,即成当地首富。原始资本积累成就后,随即安家立业,广置田产,访请"风水高手",在竹山的秦古、竹坪、大庙等乡(镇)堪舆海选"风水宝地",先后建造豪宅9座。其他地区的8座在中国百年风雨飘摇的时间里,已杳不可寻,如今只有竹坪乡解家沟村的白马山上还屹立着一座高家花屋,也是9座花屋中硕果仅存的1座,依然可以从中想象高家当年的繁荣昌盛。

建筑临渊背山,气势恢宏,为砖木结构,硬山顶,三进四合院式布局(见图6-7)。院落层层升高,寓意步步高升。一进基础用青石垒起,高约2米,牌楼式八字大门位于13级台阶之上,象征开门纳气、迎山接水。檐下装饰有壁画,长十几米,勉强可以从斑驳的彩绘中辨认出壁画的题材大约是取材于民间故事。八字门上部的雕刻深入精细,右边一幅刻的是"李渊过临潼",左边一幅,悠闲的姜太公后面却站着求贤若渴的刘、关、张,有点让人忍俊不禁,缘由已无可考。门匾上书"庆衍共城"四个大字,则寓意子孙家室繁衍昌盛。八字门下部为砖雕须弥座,束腰基座上刻有"青龙""白虎"图案。

穿过门楼是前院(见图6-8),沿着前院的台阶而上,就是中厅。中厅与遥遥相望的戏台及两侧的回廊围合成一个约150平方米的院落。通向中厅的台

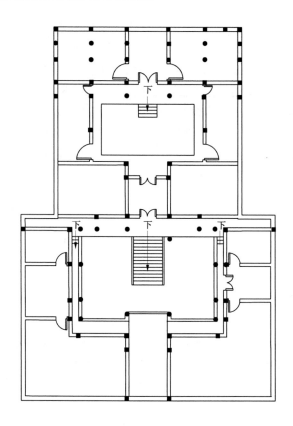

图 6-7　高家花屋平面布局

图 6-8　高家花屋入口及前院空间

阶两侧各设立柱四根,其上分别刻梅花、菊花、莲花、兰花图案,象征春夏秋冬。戏台坐南朝北,一层为大门通道,二层戏台略挑出于二层回廊,面阔一间4.8米,进深两间6.9米,属于规模较小的戏台。两侧台设置演出区的后部两侧,在面向演出区的隔墙上开有方形槛窗,其上镶嵌通花格子。戏台额枋上的木雕内容围绕"孝"展开,如"闵子骞单衣奉亲""睒子鹿乳奉亲""淳于缇萦舍己救父""茅生杀鸡"等故事。为防止地下水和地面水对木柱的侵蚀,戏台木柱设置了八边形柱础,石制,辅以精美雕刻。中厅两侧厢房高二层,面阔9.9米,进深5.4米。二层廊子略挑出一层墙面,两头施木雕"琴棋书画",檐柱落在挑梁上,采用木制方格栏杆,通透规整。正中间采用六扇木雕隔扇门,两边为木板墙,各镶一樘木雕对开花窗,走廊上部木柱之间施额枋,枋上雕花,挑檐下用轩顶。中厅面阔五间,进深三间,二层。中厅明间设6扇木雕隔扇门,木雕较厢房精细,次间也设有6扇隔扇门,两梢间为木板墙镶木雕对开花窗。檐柱额枋下施有木制挂落,柱头镶有八仙造型的牛腿支撑挑檐。跨过中厅,进入后院。后院与前院相比显得小巧精致,这样一大一小的两个院子更增加了一种空间的趣味性。后院堂屋面阔五间20.8米,进深两间5.8米。单檐悬山灰瓦顶,檐廊式布局,正房地坪略高于中厅和厢房。二层因用于储藏,在檐廊一侧设临时活动木梯。正房正门十分讲究,正中设对开木板门,门上置门匾,门两边各设一个圆形木雕花窗。次间为木板墙镶对开4副直棱雕花木窗一樘,两端梢间将檐廊用木板围合,归入两侧厢房,对檐廊相向而开一对花饰拱形门。后院两侧厢房面阔两间,进深一间,二层栏杆略挑出一层墙面,栏杆高度较低,仅为装饰而设。

整个建筑的用材都十分考究,工艺甚是精细。前院每个屋角的封火山坡端头的墀头精雕成龙爪形,不仅印证"有龙则灵"的民谚,还增加了建筑的气势。花屋正立面的外墙上有两排石雕漏窗,上面一排分别刻有"福""禄""寿""喜"四字,下面一排取材于民间故事,雕琢精湛,线条流畅,令人赞叹。院子里满眼都是大理石座、木栏杆、褪色的窗棂,其上装饰的花鸟虫鱼、人兽字画等图案,或刻或画,皆堪称精品,甚至滴水瓦当都极尽装饰之能事。虽然经过上百年,许多彩绘雕刻内容都已模糊不清,但是依然能分辨出将近20多种图案,其中包括植物、动物、人物等内容,每幅都惟妙惟肖,生动自然,称其为"花屋"实至名归。高家花屋整体虽然规模不大,但精巧雅致,整个建筑装饰工艺精美细致,可见建筑形制并没有受到太大的限制。

6.3.1.4　丹江口市浪河镇黄龙村

饶氏庄园位于丹江口市浪河镇黄龙村,为饶氏第三庄园(见图6-9)。饶氏第一庄园始建于嘉靖元年(1522年),第二庄园修建略晚于第一庄园,第三庄园建于清末民初。第一庄园和第二庄园现已残破不堪,仅第三庄园保存比较完整。第三庄园选址在海拔700米的山坳之中,占地1 330平方米,建筑面积1 118.21平方米,现存房屋40余间。饶氏庄园的主人饶崇义是民国初年的团总,其祖上由山西大槐树下流民于此,经几代努力,发展成为大户,富甲一方,在鄂西北各个区域拥有的土地加起来有二十余平方千米。传至饶崇义这一代,依然是家财万贯的大户。饶崇义为建庄园,将百亩田产变卖成金钱,从汉口和江浙一带高薪聘请设计师和能工巧匠进行设计建造。第三庄园于清末开始动工,公元1921年建成,历经十年。就在庄园将要建成时,其时饶崇义36岁,一病不起,不治而死。

图6-9　饶氏庄园

庄园由南侧的三合院、中间的四合院、北侧的院落组成,其中北侧院落已毁,仅余外墙。从残留的两路院落来看,南院规模较小,大门所对的二进院落规模较大,地势较两侧院落略高,是整个建筑的主体,反映了尊卑有序的思想。轴线上依次布置大门、前天井院、正门及厅堂、后天井院、正房,其中正房、厢房和中厅由四周跑马廊联系。主入口门楼十分考究精美,门楼居中,面阔3.9米,高二层,单檐硬山顶,山墙用实体砖墙砌筑成马头墙形,高达6米。左右方形石柱上雕刻花卉,大门设两道,外面是一道木栅栏,栅门后才是厚重的正门门板,类似以前官衙大门的做法。木栅栏大门中间镶太极图,上方有五方镶板,中间三块装饰云形花纹,镶板上面是木梁,施有华丽精美的深浮雕。正门与木栅门有1米左右的间隔,其间置石鼓一对,门上四个门簪,上刻"食德服畴"四字,下方八面雕刻八仙。穿过门楼到达小天井,正面为中厅的大门,南侧为配院。中厅位于五级台阶上,面阔五间,中间三间是敞厅,厅内宽敞高大,为集会议事之所。单檐硬山顶,抬梁式结构,两侧用半圆三级马头墙作山墙,西面二层挑出跑马廊与厢房、正房联系,仅明间有两品屋架,次间檩条直接搁在砖墙上,砖墙上开门通向尽间的书房画室过厅前门柱、门框、门槛均饰镂空木雕福禄寿、和合二仙、八仙献寿;厅内立柱与横梁接榫处为大型通雕,左为麒麟衔鱼,右为狮抛绣球。敞厅、厢房和正房围合成后院,正房前檐出檐甚宽,面阔五间,明间稍宽,开门,单檐硬山顶,抬梁式结构,墙体用砖砌筑,山墙处依然不设屋架。左右厢房两间,门槛、窗首饰以镂空木雕,内容有刘海砍樵、孔子讲学等故事。正房通廊的两端设门通向南北配院。北配院已毁,南配院仅一进院落,无轴线,呈偏心三合院布局,院落北侧是中厅的山墙,南面是厢房,东西面的建筑结构简单,装饰简朴,基本看不出主次,估计南院曾是小妾及下人的居所。

穿过饶氏庄园第一个小天井的厢房,可找到庄园碉楼的入口。碉楼平面正方形,边长 3 米,高四层,砖木结构,墙体承重,攒尖顶,屋面用小青瓦(见图 6-10)。据说在另一侧的对应位置还设计有一个碉楼,只因庄主早逝,来不及修建。进入大门后,在第一个小天井左侧走过一个高 1.80 米、宽 0.9 米的石门洞,就来到碉楼的第一层,一层墙厚约 0.86 米,墙壁用砖平砌,地板用黄土铺垫,二层及以上楼板木制,每层的高度大约 2.7 米,上下空间由木梯连通。墙体厚度每层不同,上层墙体厚度逐渐减小。一层仅在东面开半米见方的直棂窗,二层不开窗,三层起对封闭的要求有所降低,四面开窗,并于四层设挑廊环绕碉楼一周,挑廊栏杆高 0.75 米,至地面 8.2 米,整个碉楼高约 15 米。碉楼一到三层均设有大小、形状相同的枪眼,外大内小,三层枪眼数量增加,四层不设枪眼,只开窗和增加外廊。整个碉楼的设计均是出于功能上的考虑,一、二层相对封闭,是为了防御和狙击,三、四层空间相对开放,是为了瞭望和观察。屋顶为四角攒尖顶,上覆小青瓦,翼角有起翘。屋顶靠木构架支撑,具体做法是在碉楼正中间立一根直径约 0.3 米的中柱,用来承托沿对角线和每边方向设置的 8 根梁。

饶氏庄园所处的位置在其修建时交通非常不便,因此建材供应十分困难。庄园修建时,配有专门负责运送材料的运输队,包括五十余名工人及骡马。庄主专门在附近 1 千米处设立窑场,用以烧制砖瓦。梁、柱所用的木材都是就近选上好木材砍伐,主体建筑的墙体砌筑用糯米汁灌缝,门口所用的石材应该不是本地材料,可能是通过汉水运送至此。如今看到的建筑砖瓦形状规整、尺寸大小统一,木材选用上乘,建筑虽经百年,但是没有裂缝,没有明显沉降。整栋

图 6-10　饶氏庄园碉楼及内部枪眼

庄园的装饰也非常丰富精美,门、柱、梁、枋、撑拱、栏杆、栏板、台阶、磉墩等处都是装饰的部位,彩绘、雕刻的内容有人物、植物、动物、几何纹等,各具风采,木雕工艺极为考究,雕刻手法多样,线雕、隐雕、浮雕、混雕、通雕无所不用,其中通雕也称透雕或"镂空雕",工艺复杂,立体感强,对匠人技术要求很高,一般多在大型建筑中可见。雕刻涉及的题材也很丰富,但都寓意祥和富贵(见图 6-11)。庄园的山墙采用南方当时流行的"锅耳墙",耳象征官帽两耳,有独占鳌头、丰衣足食之意。屋脊为烧制的镂花构件,其雕工细腻,烧制精致,击之铿锵如石。整个庄园集民间智慧工艺所成,体现了清代建筑的装饰风格。

图 6-11　饶氏庄园部分木雕

6.3.2　南漳县部分传统民居

6.3.2.1　漫云古民居

　　漫云村历史悠久,古时称漫营。据传唐代末年曾经有马姓家族在此繁衍,因漫云村地势险要,易守难攻,马家便招兵买马,修墙建寨,并企图称霸,士卒多时漫山遍野都是营寨,由此便有了"漫营"之名。后来马氏家族被朝廷绞杀,漫云村一度成为荒凉之地。明代末年该地有难民因战乱迁入,其中包括来自肖堰镇的敖氏家族始祖——敖广万。大量难民从各地迁居至此,垦荒建房,繁衍生息,漫云村便成了古代动荡社会背景下人们避难的优选之地。

漫云古村落倚山而建,傍水而居,村落北面为牛山,西面为白狸龙山,南面是鼠山,东面为漳河,山势陡峭,这样漫云村被三山一水环抱,亦体现了中国传统村落选址时的"屏山、环水"理念。漫云村内的建筑皆倚山脚建造,由一条东西向的环形道路连通。各栋建筑坐北朝南布置,遇到地形突变则灵活布置。漫云村面积约2平方千米,村内有保存完好的古街1条、古民居20栋、古墓葬12座、古树25株、古造纸作坊4座、古山寨21个。十栋百年老屋残旧斑驳沉静,全村都是石头屋和土房屋,没有砖房和水泥地(见图6-12)。

图6-12 漫云老街沿街土石建筑

漫云民居建筑多坐北朝南,大多采用仿照南方徽派合院式建筑形式,二层结构依地势而建,顺地形采石打制石条作基分层,石材墙建1米多高,上方墙用土砖,屋顶采用悬山青瓦,外墙用白灰粉涂上,山墙的墙尖下绘制精美的吉祥装饰云纹。保存最好的古民居为敖明贵民居和敖耀国民居。敖耀国民居(见图6-13)坐落于古街道东南端鼠山脚下,具体建造年代不详,相传为一武将所居住,该民居当地人称"花屋",建筑整体呈横向布置,坐南朝北转角度面对远处漳河,寓言财源广进,建筑因周边地形而高低错落,主体建筑外围由一圈土墙围合成院落,院落主入口在建筑物左侧,土墙一侧为杂物间。建筑的门楼伸出呈八字,门上方雕刻莲花状门当一对。门楼左右两侧的山墙面上圆形的窗户称为"窗眼"。经过建筑入口后是厅堂,厅堂用两根圆形木柱支撑,柱下垫有精制石质鼓,既美观又可防水,柱上配有吉祥喜庆的雕饰,彰显了主人富贵的身份,穿过厅堂,顺步台阶直上是天井院落,三面有回廊连通二楼房间,楼梯狭窄,回廊外挑的柱子之间设置雕工精细的木栏板。

图 6-13　漫云敖耀国民居

6.3.2.2　冯氏(哲夫)民居

冯哲夫民居并非冯哲夫本人所建,而是冯家第十代子孙冯孟琳始建,经过其子冯曰扬改建、扩建后一直使用,再传给其中的两个儿子冯宗恭和冯宗恩。冯氏民居始建于明代崇祯元年(1628 年),并在日后的发展中不断扩建,现成为冯氏民居群中最大规模的天井合院式建筑,占地面积 8 000 余平方米,建筑面积 3 500 平方米。冯哲夫民居位于南漳县城西南约 75 千米处,小地名原为鞠家湾,为鞠姓家庭居住。

冯哲夫民居坐落在一弯月形山脚中部,南北高山绵延,山势较陡,灌木丛生(见图 6-14)。前面有着一片平坦的良田和古井一眼,此处地理位置极好,庄园后山高 600 余米,方圆 4 000 米。远望形状酷似一顶官帽,近观开头酷似一尊坐佛,整个建筑正坐落在坐佛怀中,前山如笔架高耸,故名"笔架山"。"笔架"下两侧各一口四季清澈见底、面积 30 平方米的水池,左右小丘环绕。

民居建筑群依山而建,坐北朝南,前低后高,共五栋 105 间,建筑布局为三路两进、"明三暗六"的九个天井合院式建筑。建筑立面上大门入口分为西路、中路和东路,整体来看,中路建筑院落为建筑主院落。建筑中路的主入口需要沿长约 2.1 米、宽约 0.24 米的十级台阶方可进入,入口内收进约 1 米,形成"凹"字形入口,大门两侧的抱鼓石和高约 40 厘米的门槛凸显着主人家的身份和地位。前排"类倒座"有七个开间,其面阔 29 米、进深 4.6 米,正门设在明间。进入正门为前堂,前堂面阔 5 米、进深 4.6 米,穿过门厅,进入建筑空间的第一个高潮部分——宽约 18.6 米、长约 5.7 米的第一天井院,天井院内地坪低于前堂室内地坪约 27 厘米,并以大块青石条铺装。从天井两边分别可以沿台阶而上,通过中厅又进入另外两个第二进天井院落(见图 6-15),这两

图 6-14　冯氏民居选址

个天井院落比第一进天井院落要小很多,宽约 5.5 米,长约 5.7 米,但仍以青石条铺地。两个天井分别对应有着两个堂屋,各自属于家族内两兄弟,院中再有五级台阶上到了另一个高度的平台,即建筑空间的尾声部分——堂屋。堂屋通高,高度约为 4.8 米,而且堂屋所在地势是整座建筑最高处,以凸显其在建筑中的重要地位。在堂屋前檐廊上两边对称布置有木质楼梯可达二楼,二楼向天井内挑出宽约 1 米的回马廊。左右厢房上部房间为建筑中最私密的空间——未出阁女子的闺房。

图 6-15　民居内部二进天井院落入口分开设置

　　建筑群内东侧为生活区,东侧大门至屋内第一道小门之间的甬道为逢年过节挂红灯笼的地方。进入第一道小门里面的厢房为仓库,可储藏粮食、菌耳之类,厢房楼上为佣人寝室。穿过厢房进入院内第二道门为厨房,与厨房相连的两间厅房依次为碾房、臼屋磨房。正大门、中大门内厢房为主人寝室及客厅、客室。建筑群内西侧为牲畜饲养区,有马棚、猪圈、羊圈、牛圈,十分符合卫生要求。

考虑到防火、防潮、防盗、防震各方面的需要,整个建筑群共用 10 余万块长 2 米、宽 0.6 米、厚 0.25 米的石条作墙基。石条之间相互咬合,用桐油、石灰泥缝。青石条基脚高达 5 米,仅石条就达 4 万余方,石条基脚上用青石砖垒砌墙体,上盖厚质布瓦。由于墙基用石条墙体,用青沟垒砌,地面用石条铺筑,有利于防火防潮,石条与石条之间、青砖与青砖之间相互交错咬合可缓解压力、震荡力,有利于防震。虽然冯哲夫民居位于鄂西北地震带上,但 300 多年来主体结构完整无损,岁月依旧,魏屹昂然。由于建筑为三进三出院室结构,院与院之间有走道、甬道相通,只要大门、侧门关闭,是相当封闭的,盗贼无法进入室内。在战争年代,由于冯氏家族乃名门望族、历代乡绅,因此未受侵掠夺,虽然受到一定破坏,但是主体结构、主体建筑完好。

整栋建筑雕檐刻壁,画龙描凤,在不同的部位以木雕、石雕尽可能地彰显主要的身份和地位(见图 6-16)。入口处的抱鼓石上的梅花和回纹图案令人惊叹;檐口的线脚装饰区别于墙身,形象简洁,色彩素雅,只用黑色矿物颜料绘制一些吉祥图或简单的几何图形、蝙蝠、花草等纹样作为简单装饰,与整体建筑色调协调统一;门扇的雕刻,上部为菱形花格,裙板上有精美的几何图案;隔窗上部雕刻有蝙蝠、飞鸟等图案栩栩如生;二楼回马廊的栏板是当地独具特色的装饰构件,栏板木板面宽 20~30 厘米成竖向装饰纹路,下部弯成曲线三角,并雕刻花卉图案,二楼一对对开的二合圆门就像两面大的梳妆台镜子镶嵌在木板墙上,这些都为建筑增添了几分美感。二楼出挑木柱,柱不落地。柱下为木雕莲花柱础,柱础上置木雕饰以雕莲花瓣,莲花瓣肥厚线条粗壮。莲花与莲子纹图被称为"连生贵子"。莲花又称芙蓉,蓉与荣谐音,又为荣华勃发的象征。这些都代表着主人的美好心愿。

屋脊为巨龙飞舞,两头为丹凤朝阳,大门上有火焰山,正中为福禄寿喜四仙肖像木雕,门柱、门槛用整条花岗岩打磨而成,现在仍光亮照人。门柱上雕有盘龙,门槛前有两面石鼓,周围整齐排列着双层凸起的鼓钉,鼓两面均雕有花、鸟、虫等各种饰物。据当地冯氏后人介绍,仅门柱和石鼓,两个工匠共干了整整五年。室内的门窗、梁柱、石凳、石盆、石屏风上雕有"兵书宝剑""天女散花""观音送子""鸳鸯戏水""喜鹊登梅""鱼跃龙门"等上百种精致图案,鄂西北地区文化风格十分鲜明,在中国民居建筑史上极具一流水准。

从结构形式上来看,整栋建筑为砖木结构,单檐硬山灰瓦顶,两层楼房。

图 6-16　木雕和石雕

"三路"天井院建筑的前堂均为抬梁式、五步架梁结构,中厅皆为穿堂式。建筑后堂都连为一体,并彼此相通,通面阔达 18 间,62.6 米,亦为抬梁式、五步架梁结构。建筑局部有穿斗式梁架结构,正门主入口屋顶为轩顶结构,左右两路的次入口采用了砖石仿木的贴墙式门楼形式。

6.3.2.3　冯家湾民居

冯家湾民居位于距板桥镇四里的冯家湾。建筑两栋并排、前后略微错开,但是其建筑形式相仿,现在北面部分已被改造建了新房。整组建筑坐落在山谷地带,坐西朝东,背山而建,正面开阔并有着一湾水塘,远处为连绵不断的案山。建筑伊始为第十代子孙冯孟谨所修建,之后冯孟谨将其传给其子冯宗俭、冯宗良两兄弟。冯宗俭占有北面一组建筑,而冯宗良占有南面的一组建筑。

该建筑群的建筑形式和建造做法均与冯哲夫民居十分相似,亦为单檐硬山灰屋顶、两层砖木结构楼房。南面一组建筑为三路一进院落式布局。建筑外观呈非对称构图,但各路内部却为对称形式。北面一路为主院落,正门为凹入式。其抱鼓石、门柱、门槛、门楣均由灰褐色大理石打磨而成,石鼓面上雕有蝴蝶采菊、喜鹊登梅、龙凤呈祥图案;门楣下侧刻有兰、竹花纹。其左边两路为砖石仿木的贴墙式门楼形式,檐口采用了叠涩处理手法,并施以彩画;山墙舍弃了形式复杂的封火山墙及墀头。整座建筑布置成纵向逐步抬高。室外进入门厅须经过五级台阶,而进入最后的堂屋则需要七级台阶(见图 6-17)。整座民居建筑空间序列感很强,院落两侧均布置有二楼挑廊的厢房。堂屋檐廊下均设有楼梯直接进入两侧的二楼厢房。建筑外墙采用青砖砌筑。北面一组建筑为三路两进院落,最北面一路院落已毁现只保存下两路建筑院落,其与南面建筑有着完全相同的建筑做法。

图 6-17　冯家湾民居内部空间

6.3.2.4　焦家湾民居

　　焦家湾民居位于南漳县板桥镇古井村,始建于明清时期。整栋建筑坐北朝南,北面倚靠周家山,南面为东西走向的大山,整栋建筑结构形式为砖木、土木、石木结构,包含房屋约 99 间,建筑外观为三层楼阁式,实际上有一层为架空空间,主要功能为杂物储藏或者马房,其上两层为主要的生活用空间。整栋建筑气势恢宏,雕刻彩绘精致,突出"喜""福"篆字花纹,具有极高的艺术价值。整栋建筑风格讲究,建筑形态依然呈现前低后高、错落有致的特点,雕刻、彩绘生动有力,形态优美。虽然建筑有部分损毁,但从正面看,庞大的三层建筑气势恢宏,龙头凤尾等造型各异的马头墙,高高地翘起,起伏有致;青砖墙体与高高的石头墙基经过多年风雨的洗礼依然保持着原来的姿态,五个凹入式门洞呈规律式排列,建筑前面的场地东高西低,台阶的级数按照地形从东向西呈递增态势(西大门就地下移,没有石阶)。

　　建筑出入口均有台阶连接,空间序列感极强,院落两侧均布置有二楼挑廊的厢房。建筑外墙材料采用外青砖内包土。民居建筑两栋并排、形式相仿,前后略微错开,整组建筑坐落在山谷地带,依山而建,建筑形式和建造做法与冯哲夫故居相似。屋顶采用单檐硬山灰屋顶色彩。门边缘设抱鼓石,抱鼓石、门柱、门槛、门楣均由灰褐色大理石打磨而成,高高的台阶显示主人的气派和身份(见图 6-18)。

图 6-18　焦家湾民居立面全景

6.3.2.5　夹马寨王氏民居

　　王氏民居位于板桥镇冯家湾村王家垸夹马寨河边,清乾隆年间建造(见图 6-19)。传元末王姓因战乱从今湖北咸宁迁至于此。民居依山面河而建,坐南向北,民居主立面由两面封火墙中间夹大门一间,一路一进四合院,呈中心对称布局。有前厅、正房及左右厢房,整栋建筑占地面积 1 526 平方米,建筑面积 594 平方米。为四合院建筑,建筑层数为二层,现存房屋约 20 间,青石铺地,青砖砌墙,再辅以木质结构的门、窗、阁楼等,前低后高,错落有致。建筑有东西两个大门,其中西大门门额上有"景星庆云"四字横匾,正屋门楣悬挂有"青箱世业"四字匾额。在门、窗、檐、墙等部位雕饰有花、鸟、鱼、虫、瑞兽及渔、樵、耕、读画像,规模虽不及冯氏民居大,但其独特的选址、特殊的建筑形制,保存完好程度,在南漳传统民居中颇具特点。

6.4　鄂西北地区传统民居的地域特性

6.4.1　基于自然与人文条件的民居地域性特征

　　鄂西北地区独特的自然条件使得其传统民居在自身的发展过程中形成了独有的地域性特征。比如相对规整的天井院落空间,可灵活分配的建筑空间,同时遵循宗法礼制和地域信仰的空间格局等;题材丰富,建筑装饰等无一不体现着楚国和三国文化。

6.4.2　建筑本体的地域性特征

　　建筑本体首先是结构体系的选定。鄂西北地区传统民居以抬梁式或穿斗

图 6-19　夹马寨王氏民居立面

式为构架特征,房间为五架、七架或五架、七架加前檐廊。

其次是屋顶及山墙形式。为单檐硬山青瓦顶,山墙以封火马头山墙较多,阶梯式山墙或猫拱背式山墙形式皆有,石雕、木雕丰富。

最后是建筑正立面的开窗形式。在倒座房间外墙正中开窗孔,石雕窗花,不能开启。

鄂西北地区传统民居平面形制多四合院式布局,仅以建筑围合成院落,中央为天井,天井尺度不大。多对称式布局,一明两暗,入口居中,房屋通过层层天井院落纵向或横向展开,生长自由。空间布局多以前厅、正屋、左右厢房围合天井院落为居住最小单元,依地势而建。结构多为抬梁式构架,也有穿斗式构架。

6.5　鄂西北地区传统民居地域特性的促成因素

鄂西北地区传统民居在历史发展过程中逐渐形成了自己的地域特性,地域特性的形成有基于人文条件的,有基于自然地理的,有基于经济社会发展的,各种因素在孕育民居地域性时是相互渗透的,对民居的长期稳定有推动作用。

6.5.1　地域经济对鄂西北地区传统民居的影响

在所有的人文因素中,经济因素对于民居的营造水平和质量的影响是最大的。从传统民居的分布情况来看,越是土地肥沃的地方,经济发展良好,村民越富裕,结果人丁兴旺,民居的规模和密集程度也越高;越是灾害频繁、资源短缺的地方,经济发展受限,村民越贫穷,民居的数量和规模也就远远不及前者。同时,越有财力的家族选择的住址也更加优渥,民居形制较高,规模也越大。

比如襄阳南漳地区,从明清时期的经济发展历程来看,固然有战乱的破坏和移民流入对经济造成影响,从而促进这两个方面的此消彼长,但是整个经济还是兴盛的。南漳地区传统民居的正门形制大都采用凹入式石门的设计,结合门头上的匾额和檐口卷棚收口,再加上石鼓、石槛、石框上的精美石雕,以及封火山墙端头雕刻精美的墀头收尾,甚至石檐口抱厦的彩画装饰等,都与建造者的地位相关。越是恢宏的设计和精美的雕刻,越是建造者地位显赫的标志,也是自己独特身份的象征。

就南漳地区内部而言,明清历史社会的变化,移民的流入迁出活动频繁,使得整个地区时局不稳,流民起义频繁。但是移民给南漳的地方经济带来了繁荣,人们依此选择居所的原因就可以理解了。南漳县的第一阶梯和第二阶梯地带,物产丰富,又有高山丘陵庇护,无疑是安居的合适地点。

十堰地处南北交界地带,商贸经济活动频繁,促成了其境内大量村镇与民居的产生和发展。十堰传统民居虽然在形制上沿袭的是北方四合院,但是在此基础上受多方面影响有所变化:外墙高大,除檐口外基本不加粉饰,很少开窗,用清水青砖构筑。为适应鄂西北多山的地形,同时为了表达向往佛国宇宙的宗教观念,大宅通常筑台而建,山野中的民居则抬高勒脚。造型上最典型的特征就是运用封火山墙,封火山墙造型多样,无论是单进院落民宅还是多进庄园都无一例外地采用这一符号。建筑的空间关系显出中原传统建筑的沉稳厚重与大气威严,而建筑造型及细部的处理又融入了南方民居的纤细柔和与精美华丽,如厅堂的门窗、栏杆、额枋节点处多以植物、动物等纹饰作装饰,所饰图样不完全相同。院落也不似北方为争取阳光而做得宽大,更多的是为适应气候建成小天井。再如大门的式样也有门牌式、门楼式、门斗式等,可谓融合了多方风格形成了鄂西北民居的地域特色。

6.5.2 家庭结构对传统民居空间划分的影响

家庭单位与民居单位是有差别的。一个家庭是居住在一起的社会单位,其成员"经营同一的生产事业,在一个共同的账上支付他们的日常费用,用同一个灶煮他们的食料"。根据鄂西北人口统计史料的分析可知,在鄂西北地区明清传统社会的乡村和集镇,具有普遍意义的家庭规模为每户3~9人,它是由一定的经济基础决定的。

一座民居是一种建筑单位,通常指若干平面单元通过纵向串联、横向并联或围绕一公共院落组合的方式构成的。对外巷道只有一个可关闭的主要出入口的建筑或建筑组群。而一座民居可以对应一个家庭,也可以包括数个家庭。当数个家庭共居于一座民居内时,各自家庭独自生活所需的空间要求便会使得民居的平面、空间的占有方式发生变化。不同家庭对民居总体平面和空间的分割可以有很多方式,可以沿纵向、横向或围绕院落占据不同的三合天井或四合天井单元,在分隔中保持天井的完整性;也可以按中轴线将天井单元分成左右两半使用。

6.5.3 宗法体制与鄂西北地区传统民居的特征

6.5.3.1 国家居住制度影响了建筑形制

我国古代建筑存在两种发展模式:一种是官式建筑模式,这类建筑的设计、预算、施工都由将作大将、内府或工部统一掌控,不论建筑物建于何地都有图纸、法式和条例加以约束,还可派工官和工匠去外地施工,所以建筑式样统一,无地区的差别性。而包括民居在内的各类民间建筑,由各地工匠参与设计并承担施工,因地制宜,建筑式样变化多端,地方特色鲜明。国家对民间建筑的控制和管理主要依靠制度条文,而且细至图纸、法式,因此民居模式表现为一定制度约束下的创造。

自《周礼》以来,国家对住宅的等级及相应做法已有明文规定,这些规定一贯作为封建礼法制度的一部分,带有强制性的约束效力。至明清时,居住制度的主要内容如下。

1. 明代居住制度

明洪武二十六年,规定:官员营造房屋不许歇山转角重檐、重楼及绘藻井,惟楼居重檐不禁。公侯前厅七间两厦,九架,中堂七间九架,后堂七间七架,门三间五架,用金漆及兽面锡环。家庙三间五架,覆以黑板瓦,脊用花样瓦兽,梁栋斗拱檐桷彩绘饰,门窗枋柱金漆饰,廊庑庖库,从屋不得过五间七架。一品二品厅堂五间九架,屋脊用瓦兽梁栋斗拱檐桷青碧绘饰,门三间五架,绿油锡环。三品至五品厅堂五间七架,屋脊用瓦兽,梁栋斗拱檐桷彩绘饰,门三间五架,黑油锡环。六品至九品厅堂三间七架,梁栋饰以土黄,门一间三架,黑油铁环。品官房舍门窗户牖不得用丹漆。功臣宅舍之后留空地十丈左右,皆五丈不许挪移,军民居止,更不许于宅前后左右多占地构亮馆开池塘,以资游眺。

洪武三十五年,申明禁制:一品至三品厅堂各七架,六品至九品厅堂梁栋只用粉青饰之。

对于庶民住宅,明洪武二十六年定制"庶民庐舍不过三间五架,不许用斗拱饰彩色"。三十年复申"禁饰,不许造九间数,房屋虽至一二十所,随其物力,但不许超过三间。正统十二年令稍变通之,庶民房屋架多而间少者,不在禁限"。

2. 清代居住制度

顺治九年定公侯以下官民房屋台阶与明代相似,据《大清会典事例》:高一尺,梁栋许画五彩杂花,柱用素油,门用黑饰,官员住屋,中梁贴金,二品以上官,正屋得立望兽,余不得擅用。

3. 对民居的影响

综上所述,明清时期,国家的住宅制度主要是针对围合式民居制定的;明制限制的内容涉及建筑造型、平面、构架、装饰诸方面,清制则在明制的基础上进行补充,使建筑群体形象更加规整和定型。而且两代规范的建筑对象都主要为正屋,即围合式住宅的中轴线上的建筑。且按照官爵等级自上而下,限制程度越来越大。作为乡村、集镇民居主题的庶民住宅,在国家规定的居住等级中隶属于最下一级,无论是住宅的规模还是住宅装饰都受到极大的制约,客观而言不能不视为对民间创造力的束缚。同时国家制度也有宽松的一面,首先是对民居中单体建筑的数量和组合方式并无禁限,其次是对正屋、门厅平面的规定没有落实到具体的尺寸,这都给民居发展留有余地。

从明至清,鄂西北地区传统民居平面和空间的发展都有这样的特点,那就是进深方向的拓展在面宽之前,这正是由于国家居住制度中梁架禁限比面宽禁限提早松动造成的。在入清以后几乎所有的民居建筑都超越了五架进深,采用分心格局正屋的民居比例很大,但面宽超过三开间的民居却相对较少。

同时,国家制度的实施效力与传统聚落距离行政中心的远近及社会的稳定状况等密切相关,本身具有区域差异。在南漳,封建统治易达的平原地区中的民居逾制的情况很少;而山地聚落中逾制的民居则比例增多,往往具有更加多元的民居模式和丰富的民居形态。比如南漳板桥地区位于南漳县的第一阶梯中,高山多,板桥民居的前堂便面阔七间。

6.5.3.2　齐家观念造成了建筑空间的统一

《周易》是儒家发生的源头,其中的"修身、齐家、治国、平天下"即家里团结起来,家庭和谐,才有可能一致地应对家外的世界,或治国或打天下。这一思想反映到了南漳传统民居的"家庭"世界中,主厅空间的对称性强烈地将视线引导向位于中轴线的空间及装饰,以最高的供奉祖先的令堂为视觉的焦点,上下厅堂与厢房以天井空间为中心向内围合,组合起来形成"家"的"统一感"。

整个家庭对外有很强的私密性,对内则私密性大大减弱,通常"家"与外界的交往,通过几道门或门厅遮挡内外空间的视线;外墙不开窗或开小窗,而室内空间动线可以穿透几个房间,厅堂完全向天井开敞,室内房间之间有布幕或木门,只有晚间关闭。有些空间只有门洞,房与房之间用薄薄的木板分隔,隔音效果很差。外墙材料质地坚硬,而室内材料则多采用木料或布幕,呈现内部柔软的一面,内外空间使用材料形成鲜明的对比。

6.5.3.3 家庭伦理关系和礼制观念限定了建筑空间秩序

鄂西北地区传统民居的厅堂、后室、左右厢房,无论内外层次,还是不同的合院,配合行为的规矩都意味着不同的身份关系。以"三纲五常"为遵循的主旨,南漳地区民居的建筑空间秩序也相应建立起来。

按照楚人以左为大、以上为尊的礼数,还有崇尚东方的观念,房间的位序关系也确定了下来。

由于厅堂为最重要的位序,所以其空间尺度也比左右厢房大出许多,厅堂处于正面,其装饰等级也是最高的,这里的柱础形式多样,雕花精美,门窗装饰也造型丰富,做工精致,合乎房屋的空间次序。

受到封建礼制观念的影响,人们应该平等地对待朋友,但是朋友毕竟是外人,尤其是在室内活动范围上受到限制。这一礼制观念影响了南漳地区传统民居建筑空间环境。在南漳民居中,大户人家的第一进厅堂,常常用来接待外来的客人,一般来说,只有特别亲近的朋友才能进入第二进院落或者旁边院落,从前到后私密性逐渐加强,最后一进院落往往是老人居住或者用来祭祖的厅堂。

儒家的伦理学是中国传统道德观的主题,它的思想实质是作为等级制度的"礼"与作为人道主义的"仁"相互结合起来。"仁者,爱人也"。"仁"的伦理意义是爱人,它的作用是协调人与人之间的关系,缓和各方面的冲突,使社会区域安定平和。

对传统家庭而言,"仁"的具体表现是"孝悌","孝悌"即顺从父母,尊敬兄长,然而"孝悌"并不仅仅是对"礼"服从的单向行为,而是父母子女之间,兄弟姐妹之间交相互爱而产生的双向情感诱发的行为。从某个角度来说,孝悌亦来自父母对子女的爱,年长者对年幼者的爱。这种双向互爱的交流使得传统家庭在强调尊卑等级的同时,亦带有一种温情脉脉的气氛。这种封建的伦常关系也深深影响着鄂西北的天井式民居。

天井周边是家常活动的优良场所,也是亲情交融的焦点。住过小天井房子的人们对于天井及其周边檐廊总是保持着一种温馨的回忆;夏日夜晚,人们在这里纳凉;日间,妇女们在这里纺线,孩子们在这里游戏,这小小的天井下就是孩子们的乐园和一家人共享天伦的福地。在用地紧张的地区,在拥挤的堂屋内不便进行的活动就移到天井里,宴请宾客时摆不下的桌椅,家族大祭拜时站不下的客人都要利用天井空间。

6.5.4 地方传统思想与鄂西北地区传统民居的地域性

就鄂西北地区的南漳来说,南漳为初楚的发源地。楚文化是中国传统文化的重要一支,相对于东方的希腊文化,楚人外求诸人以博采百家之长,华夷兼收、南北并蓄;内求诸己而独创一格,内容更新、形式新颖,这就是楚文化发展的道路。反映在民居的建造当中,南漳传统民居既沿用了传统的合院式建筑形制,又将院落收缩为仅利于通风的天井;强调建筑的轴线关系,可是又不完全求对称,建筑的生长完全依赖地形和功能的要求;既采用了徽派建筑惯有的山墙,但是墀头装饰又别具一格。

6.5.5 地方生活习俗与南漳地区传统民居的地域性

除上述因素对民居建筑的影响较大外,由于人们的日常生活都发生在天井建筑中,建筑也在逐步适应人们的生活要求。

6.5.5.1 天井布局适应生活方式

天井空间与建筑空间的浑然一体是天井建筑最大的特征,而南漳地区传统天井民居中室内外空间更加模糊。其形成的原因在于以下几个方面:

首先,南漳民居的天井尺度较小。南漳地区建筑所需日照间距比北方小,北京为 1.6~1.7 米,襄阳地区为 1.1~1.2 米;由于南漳传统民居开间多为三开间,天井一般位于中轴线上,明间开间窄小限制了天井的尺度;且南漳地区气候炎热、潮湿多雨,小天井加上出檐,可争取更多阴影,减少日晒;利于遮雨,也不影响通风。因此,南漳民居的天井尺度普遍较小,通常只是一个采光口,加上天井四周的出檐更显得天井空间下大上小。

其次,南漳民居的井深与井径的比例较大,形成天井空间的封闭性和围合感也较强,进一步弱化了天井空间的室外性。

最后,天井装饰装修做法室内化。在南漳传统民居中,天井的四个围合面历来是整个建筑装饰装修的重点。其装修的特点是多运用雕刻等工艺,对门窗、栏杆、柱础、墙壁、屋脊等构件进行精雕细琢的艺术处理,使其围合界面与实墙、实拼板门、较小而高的窗洞组成的建筑外界面形成强烈对比,显现出室内化的特征。

传统天井建筑的天井空间与建筑空间的模糊性对于人们日常生活和生产都具有很好的适应性。既能反映一定的自然因素,又加强了天井在雨季的公共活动作用。由于天井有调节微气候的作用,所以一年四季中的大部分时间,人们都可以在天井中生活和工作。天井的封闭性较强,由于天井的四面围合,相应地也形成了天井内部与外界的隔绝。相对于建筑外的空间,创造了一个较为安全宁静的居住环境。

6.5.5.2 弹性空间

南漳地区的家庭组织要求一个居住单元同时有几家各自烧饭,在旧礼教下,实行小家庭制度,天井式的民居具有很大的伸缩性,也便于分配。

类似于今天的住宅设计中,为满足家庭不同时期人口数量的变化和相应需要变化而做的一种通用设计,天井式建筑利用天井单元的布局与变化,满足住户生活的种种变化的功能要求。正是因为存在天井这样的系统,通过增建、改建和重新分隔等建筑手段来延续建筑的生命,天井式民居才得以至今仍能满足居住。

第7章　鄂西北地区传统民居绿色营建技术

7.1　绿色营建的相关理论

7.1.1　建筑气候学与被动气候设计方法

自1973年爆发能源危机以来,节约能源、保护环境引起越来越多的关注,相关的学术研究也在全球范围内展开。1963年美国学者维克多·奥尔吉亚(Victor Olgyay)编著的《设计结合气候》(*Design with Climate*)标志着建筑气候学成为一门独立学科。作者阐述了"生物气候设计方法",呼吁建筑设计要将营建模式与当地气候相融合。

"建筑气候学"是一种为了实现建筑与气候结合的理论设计方法,把人、建筑、气候作为研究对象,充分研究三者的相互作用关系。其指导建筑设计将气候条件与建筑布局、空间设计、结构构造等有机结合起来。建筑气候设计是一种被动式设计策略,充分结合多种低耗能保温隔热措施,利用自然风、自然光等完全可再生能源去应对该地气候环境,建造出具有"气候适应性"的建筑,从而节约能源,保护地球的生态与资源环境。

7.1.2　生态建筑学

"生态建筑学"是基于"生态学"理念的提出而出现的。"生态学"于1869年由德国学者海格尔提出,是一门关于研究有机体与环境之间相互关系的科学。生态学诞生后,迅速与其他学科相互渗透,形成了许多边缘学科,生态建筑学就是其中之一。生态建筑学涉及多学科,研究领域广。2002年,周浩明等在《生态建筑:面向未来的建筑》中提出,所谓生态建筑学,概括地说是用生态学原理和方法,以人、建筑、自然和社会协调发展为目标,有节制地利用和改造自然,寻求最适合人类生存发展的生态建筑环境,将建筑环境作为一个有机的、具有结构和功能的整体系统。我国传统民居建造所遵循的中国古代择居理论追求有节制地改造和利用自然,实现人、建筑、环境相统一,这与现代生态建筑学有共通之处。

生态建筑学倡导追求自然环境与人的和谐关系;在实践中认识和利用环境,并为建筑服务,达到"天人合一"的最佳居住环境;对建筑材料要求可再生和可循环,对地域气候环境充分利用及当地文化充分挖掘,为气候适应性的研究奠定了理论基础。

7.1.3 可持续建筑理论

可持续建筑并不单单是一种建筑形式,而是人类对待生活的一种态度,是对生存境界的一种追求。可持续建筑,是从全生命周期出发,要求建筑一生中环境负荷最小、经济和社会效益最佳的建筑,它是可持续发展不可分割的一个组成部分。

可持续建筑理论基于再生能源利用、能效优化和生态系统平衡运行,旨在实现人居环境健康安全,进一步深化了气候适应性理论的内涵,指导气候适应性理论不仅应关注建筑在运行阶段对于自然气候、资源条件的适应与利用,还应该重视建筑在建造、运营和拆除的全生命周期内使用可再生地方性建材、利用可再生能源应对气候,减少资源消耗和环境损害。

7.2 绿色营建相关的气候因素

气候要素一般是指太阳辐射、空气温度、空气湿度、风、降水这五个方面。与之相关的设计策略包括:采光遮阳、得热防热、增湿除湿、通风防风、蓄水防水等。此外,为应对气候要素的综合作用对建筑产生的损坏,气候适应性设计策略还包括增加建筑的耐候性与耐久性(见表7-1)。

表 7-1 基于气候的建筑营建策略

气候因素	绿色营建策略	具体做法
太阳辐射	增加采光与建筑遮阳	聚落选址"负阴抱阳",建筑布局争取良好朝向,适宜的院落尺度,合适的门窗大小和形式适宜的建筑间距,屋顶出檐,门窗遮阳,"檐廊""柱廊"等遮阳空间
空气温度	热量控制	选用保温性能好的围护墙体;屋面适宜保温;设置阁层、阁楼等空气间层,挑高室内净空,减少得热,围护结构选用热惰性大的材料

续表 7-1

气候因素	绿色营建策略	具体做法
空气湿度	调控湿度	选址靠近水源,院落种植绿植调控空气湿度;地面采用孔隙率大、吸湿性材料,条石阻挡院落的雨水飞溅
风	组织和控制通风	聚落布局顺应主导风向,街道组织形成巷道风,天井热压通风,多进院落风压通风;冬季风来向处围护结构封闭严密,种植高大密集乔木挡风,建筑物之间挡风
降水	蓄集雨水与防排水	院落设置收集雨水装置,聚落内部开挖池塘蓄集降水;防水排水;瓦片铺设形式应利于排水,墙基和柱础防潮,院落组织排水

气候要素在很大程度上影响建筑的各个方面,进而直接或者间接地影响到人们的身体感觉、生理活动和心理活动。

7.2.1　太阳辐射与采光遮阳

直射辐射及散射辐射组成了地面太阳辐射。其中,直接穿过大气层到地面的称为直射辐射。那些受到空气分子或者悬浮粒子影响经过扩散透射、反射后到地面的辐射是散射辐射。太阳辐射的特征如下:

(1)我国的年太阳辐射总量根据地域不同有所差异,总体西部地区多,东部地区少,东部地区北面总辐射大于南面,西部地区则相反,大体上北低南高。

(2)太阳辐射量在不同气候区随时间的变化也是不同的,太阳辐射总量在冬季达到最低值,川贵地区总量最少。在夏季达到最高值,青藏高原总量最高。

(3)太阳直射辐射随海拔的增高而增大,海拔与大气层厚度成反比,大气中烟尘、水汽含量相应减少。

此外,地面也会反射太阳辐射。其反射强度取决于地面对太阳辐射的反射率,反射率取决于地面的颜色和太阳高度角。浅色地面反射辐射大,深色地面反射辐射小;干燥地面反射辐射大,湿润地面反射辐射小;太阳高度角与反射率也成反比。

因此,不同气候区的传统民居适应太阳辐射的营建技术也是不同的,并且考虑到全年的太阳辐射变化规律。太阳辐射对传统民居的影响主要是采光和遮阳两方面,此外长期紫外线的照射对建筑材料也有损坏作用。寒冷地区,建筑选址应注意周围遮挡物较少,有利于充分接收太阳辐射。夏季炎热地区,建筑应选址在周围有山体植被等遮挡物,能够减少太阳辐射热量的地方。干热地区,选址在获得充足光线的同时太阳辐射有限的北向斜坡;干冷或湿冷地区,宜选在南向的斜坡上。

7.2.2 空气温度与得热防热

空气温度,从气象学定义看,指距离地面1.5米处测得的气温,因为这层空气的气候状况与人类活动的关系比较密切。空气中的热量根本来源于太阳辐射,主要来源于地面以辐射、热传导和对流方式传递的热量。空气温度的变化规律主要有以下方面:

(1)太阳辐射量与纬度高度有关,一般在中高纬度地区,太阳辐射量随着纬度的增加而减少,因此空气温度也随着纬度的增加而降低,我国国土纬度跨度大,南北温度差异也较大,因此不同纬度的民居应对空气温度变化的措施也不同。

(2)空气温度随高度的变化可以分为三种情况:①随高度的增加而逐渐降低;②随着高度的增加逐渐升高,即通常所说的逆温;③随着高度的增加空气温度不变。其中,逆温对建筑会产生不利影响。逆温的温度垂直分布是下冷上热,很难使大气发生空气扰动,不利于污染物向上层空气扩散。此外,在山区夜间,冷空气下沉到谷底,也会使建于谷底的民居夜间温度降低。

(3)我国是季风气候国家,决定了气温分布在冬季和夏季差异较大,不同气候区温度的年变化和日变化速度也有差异。湿润气候区的温度变化幅度平缓,而干燥地区温度变化幅度较大。因此,位于内陆干燥地区的民居营造还要考虑温度日变化较大的影响。

空气温度是决定热舒适的重要参数,无论是地域性特征还是季节性特征都会影响人体热舒适。因此,营造舒适的室内热环境,需要通过合理的规划选址、空间布局、细部构造设计、建造材料选择等手段来实现。

7.2.3 空气湿度与增湿除湿

空气湿度用来体现空气中水汽含量的多少。水汽蒸发吸收热量,凝结放出热量,从而影响空气温度。空气湿度常用包括比较湿度、绝对湿度、相对湿度、水气压、露点等物理量表示。其中,相对湿度与空气潮湿程度呈正相关。相对湿度的变化规律如下:

（1）相对湿度的日变化,湿度与气温呈现反比关系。

（2）相对湿度的年变化与气候区划有关。在季风气候区,相对湿度夏季最高,冬季最低。在大陆性气候区,冬季最高,夏季最低。

（3）相对湿度随海拔变化。晴空无空气上升运动时,相对湿度向上递减;多云时,云中相对湿度最大,并随云高的增加而减小。

空气的湿度对施加于人体的热负荷并无直接影响,但其影响到汗液的蒸发效率,进而影响人体的散热效率,使人的热舒适度产生差异。但是湿度并不单独作用于人体,其与空气温度、风速共同作用。"湿热""干热""湿冷""干冷"气候下人对环境的适应性并不相同。对于建筑而言,恰当的设计手段和营建方式能够有效地调节室内湿度,营造适宜的室内环境。此外,在建造材料的选取上还要考虑耐湿防潮性强的材料。

7.2.4　自然风与通风防风

太阳传送到地面的热能是不均匀的,不同高度的空气层温度不同,空气的密度受温度影响,而气压受空气密度影响,进而呈现气压差异。冷空气的空气密度大、气压高,这样高气压区的冷空气便流向低气压区,就形成了风。风用风速表示大小,用风向表示方向。

（1）盛行风。受到地转偏向力作用,中国夏季陆地呈低压,海洋为高压,故盛行东南风,而冬季恰好相反,故盛行西北风。夏季风炎热湿润,冬季风寒冷干燥。在夏季,场地设计和建筑布局应满足有利于导风,减少遮挡;在冬季,场地设计应考虑阻挡主导风向冷风,减少室内热能的损失。

（2）山谷风。同高度下,白天山峰空气受热多,山谷空气受热少,形成谷底高于山峰的压差,即"谷风";而夜间恰好相反,山峰部分热量散失快,山谷热量散失慢,形成山峰高于谷底的压差,即"山风"。对于依山而建的建筑,山风和谷风对聚落规划和建筑布局都有影响。

（3）水陆风。由于水面、陆地的热惰性不同,陆地比水面得热或散热都较快。白天,陆地迅速得热,表面产生低空气压,形成"水风";晚上,陆地散热快,表面产生高空气压,形成"陆风"。水陆风对于聚落街巷的走向具有很大影响。

风向和风速影响建筑的选址布局和自然通风效果等。风速大小关系到建筑外围护结构保温隔热能力及自身换气能力。风荷载对建筑三要素有较大影响。

7.2.5　降水与蓄水防水

降水是指空气云层凝结成滴粒,以液态水或固态水形式降到地面的过程。其是自然界中发生的雨、雪、露、霜、霞、雹等现象的统称。降水规律如下:

(1)山区降水影响因素较多:湿润地区海拔越高,温度减低湿度增加,受低温影响,水蒸气凝结成水滴,相对干燥地区降水增加,但河谷盆地却是个例,虽然海拔低,但其局部湿度较高,水蒸气也能快速凝结成水滴增加降水。

(2)地面抬升原理同海拔升高,迎风面降水较多,背风面降水较少。山区建筑选址应选在朝南的山坡,因为降水量多于北坡且日照充分。

(3)我国降水时间分布不均,主要集中在夏季,其降水量可占全年的1/4。

水可以改善和优化场地的微气候环境,聚落规划应考虑到对现有水源的合理利用,营造良好的局部微气候环境。同时,降水量和降水强度还会直接影响建筑物的排水系统、建筑材质及屋面构造的设计。

7.3　绿色营建的设计原则

恶劣的气候条件会对人体舒适度产生巨大影响,因此居住建筑就要更加适应当地的气候条件。每个地区的气候都不是一成不变的,不论是受自然因素的影响还是人工因素的影响,居住建筑的形态根据不同气候有所变化,越是恶劣的气候,建筑的适应性就越有意义。对于建筑而言,从前期的规划布局到单体设计、建筑构造、材料、施工等都与气候要素有着密切关联。那么如何通过设计手法来适应气候条件,主要从以下几个方面来考虑。

7.3.1　建筑基地选址原则

恰当的建筑选址可以通过群体规划、建筑设计及构筑物配置等方面来实现,并有效利用气候资源,克服不利因素,实现自然、建筑和人之间的和谐共生。选址原则主要考虑以下几点:

(1)以通风散热为目的的选址原则。选择的场地应不影响夏季主导风吹向建筑,周围有植被或山体等加强导风作用,形成山谷风,也可借助水体形成水陆风。

(2)以得热避寒为目的的选址原则。由于我国位于北半球且冬季盛行西北风,建筑的基地应选择在山南水北,向阳的平地或坡地上,有利于避风纳阳。场地中建筑的向阳处无固定遮挡,有植被或山体位于冬季风的来向处,以减少围护结构的热损失。

(3)以遮阴纳凉为目的的选址原则。基地环境中有叶大根茂的落叶乔木提供良好的遮阳条件,降低局部空气温度。借助山坡、突兀的丘陵等地貌形成自然遮阴。在气候炎热地区,可适当缩小建筑间距,借助前栋建筑遮阴。

建筑基址的选择直接影响建筑外部环境,因此需要综合考虑所选区域的太阳辐射、温度、降水、风等气候因素,从而营造舒适的建筑内部环境。

7.3.2　聚落规划布局原则

影响聚落内群体布局、方位朝向、规划形态等的主要气候因素是太阳辐射和风。聚落布局的原则如下:

(1)适应湿热气候的聚落布局原则。为了尽可能促进自然通风,降低湿度,聚落中的道路应面对夏季主要风向,能够将自然风导向与建筑入口相连的支路。同时聚落形态应散落、稀疏,室外空间开敞,以最大程度地促进聚落内部的空气流动。

(2)适应寒冷气候的聚落布局原则。聚落布局形态不会造成局部范围内冬季风的流速加剧。避免强风对建筑围护结构造成过大的压力,减少窗墙的冷风渗透。聚落呈紧凑型布局,形态相对封闭,以防冬季寒风。建筑间距拉大,以获取更多的太阳辐射热。

(3)适应干热气候的聚落布局原则。聚落内部建筑布局紧凑,排列紧密、街道狭窄。建筑为彼此及公共空间提供遮阳,使街道和户外有更多的阴影空间。以"地毯式"布局形态为主。

聚落的布局形态影响着聚落内部的微气候环境,根据不同的气候环境,采取不同的聚落布局形态,从而为建筑营造良好有利的外部环境。

7.3.3　建筑空间组织原则

建筑外部环境条件直接影响建筑内部空间热环境品质,建筑内部的空间组织、平面布局、朝向方位等受太阳方位及高度、盛行风向、温度和湿度的影响。

(1)朝向的选择原则。冬季能采集到温暖的阳光,并能避开冷风侵袭;夏季有利于自然通风,减少太阳直射辐射热。故夏季盛行风要吹向建筑面宽,由进深方向迎接冬季盛行风向。

(2)平面的组织原则。湿热地区建筑平面狭长伸展,有利于形成穿堂风,加强遮阳效果。寒冷地区平面形态东西向窄南北向长,有利于冬季防寒避风,争取日照。此外,寒冷地区建筑平面组织时应尽量减少建筑的互遮挡和自遮挡,避免影响对太阳辐射热的获取;反之,在湿热地区,应加大遮挡,减少过量太阳辐射热。

(3)空间的组织原则。建筑空间的开放程度很大程度上取决于气候条件的影响。湿热地区的建筑空间设计较为开放,具有很好的自然通风效果,并设计灰空间来缓冲炎热气候。寒冷地区要考虑建筑体形系数,采取较为封闭的空间以减少冷风侵袭和降低热量损失。

7.3.4 建筑结构选型原则

中国传统居住建筑以木结构为主,包括抬梁式构架、穿斗式构架、干阑式构架和井干式构架。不同的结构形式是适应当地气候条件的结果。

(1)抬梁式构架。应用最为普遍,对气候的适应性强。可根据室内空间的功能需要灵活改变墙体厚度和开窗大小。

(2)穿斗式构架。多应用于气候较湿热的长江下游地区。外部用空斗墙围护,保护木结构免受雨水侵蚀,具有较好的隔热作用。

(3)干阑式构架。广泛出现在云南省、贵州省、广西壮族自治区的部分少数民族集聚区。上述地区呈现高温、多雨、高湿的气候特征,这种木构架形式有助于通风、采光、防兽。

(4)井干式构架。多见于云南和东北少数森林地区,是用木头叠起的一种相对原始的居住形式,室内冬暖夏凉,非常适合气候湿热的地区。

7.3.5 建筑构造设计原则

建筑构造一定程度上也会影响建筑的热工环境,因此需要根据地方气候进行选择和调整。

(1)以防热为目的的构造设计原则。湿热气候地区,外墙多采用空斗墙或灌斗墙,以提高隔热效果。屋顶高度加高,使用望板或望砖,形成空气间层,有助于通风散热。屋顶坡度较陡,便于排水。门窗设置在中轴线上,便于形成穿堂风。设计挑檐、檐廊、挑楼等灰空间,用以遮阳。

(2)以保温为目的的构造设计原则。北方寒冷地区,墙体大多采用土坯或夯土砌筑,墙上很少开窗或开小窗,保温效果好。屋面加厚且设天花板,减少热量散失。主入口处设两道门形成门斗,提高保温效果。

(3)以防潮为目的的构造设计原则。多雨潮湿地区的住宅多底层架空,避免木地板和木墙面被地下水汽腐蚀,降低室内湿度。屋顶坡度较陡,便于快速排除雨水,同时设计出厦以防雨。

7.3.6 建筑材料选用原则

建筑材料应就地取材,材料受到地域气候影响,不同地区天然建筑材料的分布、数量和品种等均有差异。除土、木、砖、石等常见材料外,还有茅草、树皮、竹子、海草等植物材料。竹材与黄泥一起制作而成的竹编泥墙,用于湿热地区的建筑外墙或内墙,防潮透气效果好。土掌平顶碉房,四面筑土为墙,屋顶用当地特产黏性极强的土材抹平,适合当地干热气候,有利于保温隔热。

7.4 鄂西北地区传统民居的绿色营建技艺

7.4.1 聚落选址层面

依山傍水是中国传统民居遵循的大原则,但是不是所有民居选址时都能具备完美的条件。鄂西北地区的聚落规划时尽量选择布置在水体附近,如果没有自然的水体条件,就人工开挖水塘,以备生活及防火用。

7.4.1.1 争取最佳建筑朝向

地处北半球的中国最佳朝向是坐北朝南,但是受制于地形地貌、紧张用地条件、迎合主导风向的影响,建筑未必都朝正南。总之,聚落中建筑群体布局朝向的选择与日照方向、主导风向和山脉水系走向等相关,多依照地形走向适当偏转建筑的朝向角度。

鄂西北地区区域内地貌类型复杂,包括平原、丘陵、低山和山地等,传统民居朝向呈现自由灵活的特征。

1. 日照方向

鄂西北地区夏季气候炎热,建筑群体布局的朝向要着重考虑防止夏季强烈热辐射的影响,兼顾到冬季争取热量。因此,建筑群体布局的朝向一般避免正南方向,多偏转一定的角度,以便借助高密度的群体布局、建筑内部遮阳构件,达到互遮阳和自遮阳的目的。

2. 主导风向

良好的通风对于夏季降温、除湿、提高人体舒适度等具有重要作用。而建筑群体布局的朝向对自然风在其内部流动的速度、强弱等都具有很大的影响,合适的朝向可以使得聚落内部获得舒适的风环境。鄂西北地区传统建筑群体布局多朝向夏季主导风来向,并根据具体情况,民居的入口略微偏转,以迎接主导风。

3. 山脉水系走向

山脉水系很大程度上影响了局部的微气候,山体能够阻挡冬季冷风的侵袭,而水体和陆地之间能够形成水陆风,促进聚落内部的通风。鄂西北传统聚落临水而建的可以利用周围水体的小气候形成风路。朝向河道的传统民居布局沿着水势走向,多呈带状布局。朝向水塘的传统民居以水塘为核心呈放射状布局,三面围合水塘,另一面与远处的矮山相对。朝向水体可以充分利用自然水体的生态作用协调温差,获得夏凉冬暖、昼冷夜热的舒适微气候。

鄂西北地区传统聚落群体布局朝向的选择,是基于减少夏季得热、促进自然通风、利用局部小气候的综合考虑,是充分规避与利用自然环境条件的营建手段。体现出建筑朝向与日照的"天时"和地形的"地利"的双向协调。

7.4.1.2 营造良好的聚落环境

水是聚落生成和发展最主要的环境要素,在满足日常生产生活、交通贸易需求的同时,其生态特性还有利于营造良好的聚落环境。

1. 蒸发吸热,降低环境温度

水体蒸发时会吸收大量热量,其蒸发速度与温度相关,温度越高,蒸发速度越快,在相同时间内带走的热量越多,从而降低周围环境温度。因此,在夏季高温高热的情况下,可以借助水体蒸发作用来降低周围环境温度。

2. 比热容大,加热空气温度

水的比热容较大,为 4.2×10^3 J/(kg·℃),接受相同的热量,水的温度变化比其他物质要小。这使得水具有较高的热惰性,得热散热相较于空气缓慢。因此,冬季寒冷夜间时,水蓄积热量多,温度高于周边空气,通过放热作用加热周围空气。

3. 水体流动,带走环境热量

传统聚落选址多选在活水旁边,或者通过挖塘筑渠来增补水系。使聚落内部有不断流动的水系,构成完整的水网环流格局,形成大型的水冷系统,水的流动带走热量,不断为聚落降温。

4. 水面开阔,形成自然风道

水面上方开阔没有遮挡,形成聚落中天然的风道。由于夏季水体的蒸发作用,水面上方的空气温度较低,自然风经过时会被降温,再吹向聚落内部,起到降低聚落内部温度、通风除湿、净化空气的作用。

5. 造成温差,产生水陆风向

与陆地相比,水的比热容较大,当面对日间太阳辐射时,水面温度升高的幅度小于陆地,两者存在温度差,形成水面吹向陆地的"水风";反之,夜间水体相较于陆地散热慢,形成陆地吹向水面的"陆风"。促进聚落内部的风循环。在山地地区,山体既能够形成类似屏障的围合体系,提供安全的居住环境,又能够产生一定的生态效应,维护聚落内部环境的稳定性。主要方式如下:

(1)挡热遮阳。

在山体的阳坡上,可以获得充足的日照,选址在坡度平缓、相对高差不大的地方,可以减少对阳光的遮挡。此外,还可以借助周围的山体,在夏季遮挡过量的太阳辐射热量,减少聚落内部得热。

(2)产生峡谷风。

风从开阔地带吹向山谷时,会产生"狭管效应"。由于风道骤然变窄,气体质量又不能大量堆积,风会加速流过山谷地带,从而使风速增大。在夏季,可以加强聚落内部的风速,起到降温除湿的作用。

(3)产生山谷风。

由于海拔不同,白天山坡地段接受的太阳辐射量高于山谷地段,两者的空气温度有差值,形成从山谷吹向山坡的风。山坡降温速度高于山谷,形成从山谷吹向山坡的自然风。可以增强聚落内部的自然通风,营造舒适的风环境。

(4)挡风减风。

风吹向山体时,受山体坡度的影响,山脚处的风压较小。因此,聚落选址在山坡与平地之间过渡的山麓地带,可以减少强风对聚落内部的侵袭,提高居住环境的舒适度。此外,山体上的密林也能够减缓冬季冷风的风速,降低冷风侵袭。

鄂西北地区的传统聚落充分借助水环境和山环境,营造良好的聚落内部环境,起到一定的通风降温和挡风防寒的作用。鄂西北地区传统聚落与山水结合形成的布局形式主要有以下两种:

(1)临河而居。

在鄂西北地区临河而居的村落有黄龙镇,黄龙镇位于堵河河畔,入堵河可进汉水,入汉水可进长江,因此从黄龙镇近可到沿江的各个县城乡镇,远可至江汉平原、四川、河南等地。黄龙镇南侧有凤凰、白马二山,前者因其形而得名,后者属武当山脉。

(2)后靠山脉,前傍水体。

在鄂西北地区西部的大山之中,民居分散于各个山间谷地,呈现独立的聚族而居的集合式布局形态,屋后山体环抱,屋前开挖池塘,地势高爽,明堂开阔,独立分散,节约耕地。民居顺应地势起伏,设置建筑高差。两侧顺应山体坡度修建排水明沟,民居地坪以下设置排水暗渠,形成一张明暗结合的排水网。

如南漳县鞠家湾王氏民居,位于板桥镇冯家湾村夹马寨河边。民居依山就势而建,背靠山体脉,左右两侧有低岭形成环抱之势,聚集山涧流水,满足日常所需,调节微气候环境。

7.4.1.3 择定安全聚落基址

传统聚落的选址需要综合考虑各种自然因素的影响,包括气候条件、地貌地势、水系耕地等。依照自然环境条件,扬长避短,择定安全的聚落基址,保障生产生活的正常进行。

1. 向水而聚,因水成村

古代取水不便,水系是聚落形成的原因。另外,河流两侧泥沙淤积,耕地面积丰富,在此聚居能节省耕作往返时间和体力。因此,江淮地区传统聚落多选址在河流附近。其聚落选址与水系的位置关系主要有三种:平行式、环抱式、交叉式(见图7-1)。

(a)平行式　　　　(b)环抱式　　　　(c)交叉式

图 7-1　聚落与水系的位置关系

(1)平行式位置关系的特点主要是:聚落形态沿着水流伸展,与水流成平行关系,主要街道的走势与水流方向基本一致,与支路共同构成聚落内部交通网。

(2)环抱式位置关系的特点主要是:水系以环抱的姿势围合整个聚落,聚落选址在"腰带水"环抱内侧的沉积区,即水系的凸岸一侧,避免选址在反弓水、剪刀水、箭头水等水系形态附近。

(3)交叉式位置关系的特点主要是:聚落内部被1~3条河的干流、支流分割,聚落分布在水流的两侧,形成两组团、三组团的布局形式。

2. 地势高敞,平坦开阔

鄂西北地区夏季降水量大,梅雨时节常会引发洪涝灾害,对聚落的安全造成威胁。若聚落旁水系的夏季水位高于聚落基址,则会造成洪、涝、渍灾害。为防止水患影响聚落安全,鄂西北地区的传统聚落常选在地势较高的位置,使其高于河道内水面的高度。位于山区的传统聚落选址则讲求山体稳固、坡度平缓,以减少山体滑坡、泥石流以及山洪等灾害的发生。此外,平缓的坡地可以减少土方工程量,节省人力物力,降低建造成本。鄂西北地区部分民居的聚落前还留有平坦开阔的场地,聚落前无遮挡能够获得良好的日照。

3. 以山为屏,水为障

聚落选址还需要考虑有利于抵御外地入侵,注重围合内向性和安全防卫性。江淮地区的传统聚落选址以山为屏、以水为障,体现了"因地形,用险制塞,限敌之足"的选址思想。

鄂西北山地地区与外界相隔绝,地形利于防御,山与水构成了天然屏障。因此,传统民居选址一般首先在山谷隘口之处,三面环山,一面临水,聚落入口隐蔽,易守难攻,比如冻青沟村;如果不具备这样的环境,就选外界难以到达的位置。

7.4.1.4 补益缺损环境条件

对于聚落周边不理想自然环境的改善,主张"趁全补缺,增高益下",而调节的原则则是"因其自然之性,损者益之"。就是因地制宜,因势利导,针对缺损的自然条件,通过人为的营建措施进行完善与改良。只要做得巧妙,就能起到点石成金的效果。对于选址中不理想的环境条件,江淮地区的传统聚落常常采用挖塘蓄水、修筑圩堤、种植树木等措施加以改善。

1. 挖塘蓄水

鄂西北地区的传统聚落通常挖塘蓄水,主要起到调蓄雨水的作用。池塘形状以半圆形(见图7-2)、方形为主,位于聚落的前面,是整个聚落的核心,民居均朝向池塘布置。民居下挖排水暗渠,与聚落巷道一侧的明沟相连,通向聚落前面地势较低的池塘,形成纵横相连的排水网络。在梅雨季节,能够快速有效地排除雨水。而在降水较少的时间段,池塘中蓄积的雨水又能满足村民日常的用水需求,并起到灭火作用。此外,由于水的生态特性,也能起到调节气候、改善聚落热环境的作用。

2. 种植树木

植物绿化是传统聚落调节微环境的重要手段。夏季,植物的蒸腾作用可以加快散热,起到一定的降温效果。由于树木的遮阳作用,使树荫下的地面得到的太阳辐射热量减少,与周围的环境产生局部的热压差,从而加大风循环,起到促进通风的目的。冬季,在朝向冬季风主导方向处种植植物,能够有效降低风速,抵御冬季冷风的侵袭。

鄂西北地区大多数传统聚落周边多种植水稻,由于水稻比草坪、旱地的含

图 7-2　饶氏庄园民居附近池塘

水量更高,所以水稻田表面的空气温度更低,大面积的稻田也因此发挥了一定
的调节聚落环境的作用(见图 7-3)。在聚落内部的公共空间,常种植绿植以
形成节点绿化,在改善聚落内部空气质量的同时,为居民之间的交流提供了遮
阴避阳的场地。此外,在聚落旁边的河道两岸和山体上栽种绿植,起到了很好
的阻止水土流失、巩固地基的作用。

图 7-3　民居周边环境

7.4.2　平面布局融汇南北特色

鄂西北地区传统民居平面布局融合了北方的合院布局模式、徽派建筑天

井院的布局模式,以及江西民居的部分元素,院落尺度介于南北方之间,风格融合了北方的粗犷与南方的细腻。无论是建造在较为平坦的丘陵、谷地,还是具有较大地势高差的山区,其平面布局都较为紧凑。建筑高度以一层为主,局部两层。民居坐北朝南,三开间至七开间,进深一般为两进,形成房间—院落—房间的院落式布局。

为了得到良好的采光通风环境,利于保温隔热,民居中厅堂、卧室等功能单元基本上是围绕内院展开布置的。其平面形制主要有三种:"口"字形主轴单进院落、"日"字形主轴多进院落、"口"字形多轴多进院落。

7.4.2.1　主轴单进院落

主轴单进院落主要为"口"字形或者"工"字形主轴单进天井院,民居平面布局以一条对称轴左右对称,并以天井或院落为中心组织各起居空间。天井、院落通常位于民居的中部和前部,用以改善采光和促进通风条件,同时还有晾晒、烹饪、储藏等功能。如今这类型的民居几乎见不到,比较典型的平面有十堰冻青沟何氏祠堂(见图7-4)、南漳板桥镇卫生所。

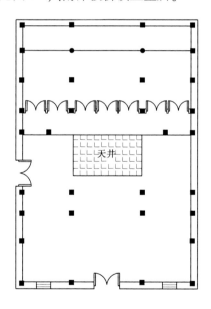

图7-4　冻青沟何氏祠堂

7.4.2.2　主轴多进院落

主轴多进院落一般为"日"字形主轴多进院落。大多为两至三进院落,也有三进以上院落。主轴多进天井院,空间形制以天井为中心,中轴对称均匀分布。主轴多进合院,空间形制以院落为中心,环绕其布置上下房和厢房等生活居室,有轴线关系但不受轴线约束,院落尺度介于北方合院和皖南天井院之间。主轴多进天井合院混合院落,由天井和合院共同串联起生活空间,布局形制体现家族结构,强调中轴对称(见图 7-5)。

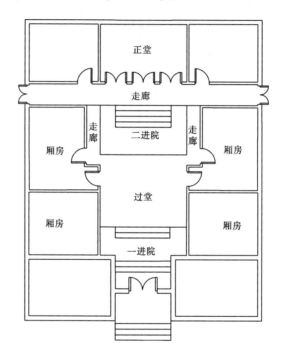

图 7-5 主轴多进平面

7.4.2.3 多轴多进院落

类"田"字形多轴多进院落,通常由一条主轴线和两侧的辅轴线组织空间。在主轴线上纵向呈"门—庭—堂"的空间序列,布置主人房,用庭院分隔空间。在辅轴线上串联次要空间,布置附属用房,以天井进行空间的划分。从横向看,是空间等级由中间到两侧递减的序列。多轴多进院落充分借地形高差的变化,强化空间等级制度,限定功能空间分区(见图 7-6)。

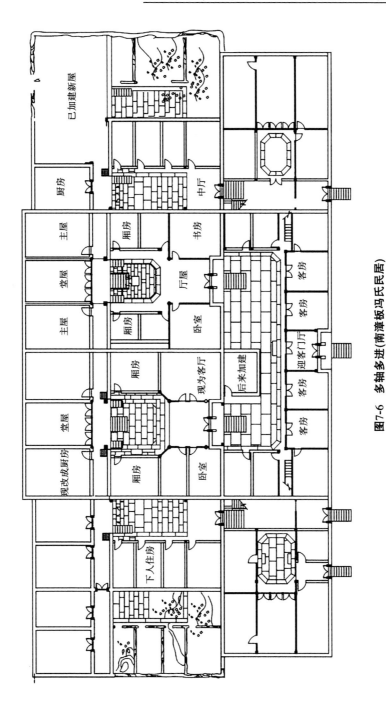

图7-6　多轴多进(南漳板桥冯氏民居)

7.4.3 构筑体系处理因材致用

鄂西北地区传统民居在建筑构筑方式上,注重就地取材、因材致用、因物施巧,形成"多元一体"的建筑体系。

7.4.3.1 土木共济,发挥构架独特机制

我国古代建筑以木构架体系为主体,该体系从结构的角度出发,完整来看是木结构与夯土等材料共同组成的构筑体系,具有优越的技术性能和广泛的适应性能。

这种构筑体系是既能充分发挥木构架的结构作用,又能充分发挥土材围护作用的最佳构筑方式,是对土和木的合理的因材致用。鄂西北地区土资源极为丰富,取土和加工技术等比较简单。土材既可以简单加工做成夯土墙、土坯墙,又可以经过烧制成为砖材,具有良好的防寒、保温、隔热、隔音和防火的性能。

我国传统木构架主要分为抬梁式构架、穿斗式构架等,而鄂西北地区传统民居的木构架体系多为两者的结合,抬梁式构架作为正贴式,穿斗式构架作为边贴式,墙体和木构架共同承重。

这种结合式木构架集中了两种体系的优点,不仅营造出跨度大、开阔敞亮的空间,而且用料减少,成本降低,保持了边贴构架的稳定性。此外可提前装配成整体屋架,再竖立安装,方便施工,缩短施工时间。这种结构体系既能给平面、空间划分带来很大的灵活性,又利于建筑的施工、改建、扩建和体形调整,同时增加了结构的稳定性和耐久性。

鄂西北民居木构架采用穿斗式构架和抬梁式构架结合时,明间用抬梁式构架,次间用穿斗式构架。抬梁式是在立柱上架梁,梁上又抬梁,也称叠梁式。这种构架的特点是在柱顶或柱网的水平铺作层上,沿房屋进深方向架数层叠架的梁,梁逐层缩短,层间垫短柱,最上层梁中柱或三角撑,形成三角形屋架。从架步上看,常见的有三架梁、五架梁、七架梁。其中,三架梁还细分小三架、大三架;五架梁还细分小五架、大五架;七架梁不但细分小七架、大七架,另外还有朗七架之分,即比常规七架梁还要大些。相邻屋架间,在各层梁的两端和最上层梁中间小柱上架檩,檩间架椽,构成双坡顶房屋的空间骨架。房屋的屋面重量通过椽、檩、梁、柱传到基础,这种结构最大的优点是减少了地面的柱子,使下层空间更大,使用更自由。穿斗式木构架就是沿着房屋的进深方向立柱,柱直接承受檩的重量,不设架空的抬梁,柱的间距较密,用数层穿枋将各柱连接,组合成一组构架。也就是用较短的童柱与通柱拼合以穿枋结合,榫构梁

架与屋顶,穿枋的数量在三道以上,形成纵向整体构架。柱脚处为连通的地脚枋,然后与柱子同置于通长的石磉或基脚石上。穿斗式构架具有用料经济、施工简易、维修方便的特点。抬梁式构架拓宽明间的使用空间,而穿斗式构架使次间在结构上更加稳定,既经济合理又实用美观。

学术界一般认为南方建筑多用穿斗式构架、北方建筑多用抬梁式构架。由于湖北处于南北交汇的独特区位,湖北民居便巧妙结合这两种结构形式的优点混合使用,使民居的空间功能更加合理。这种结构的民居在湖北江汉平原和鄂东南地区普遍存在。

在鄂东南地区和鄂东北地区,传统民居还有一个特别的结构,即石柱础,其十分高大,而且形式较多(圆形、四方形、菱形),不少石柱础依形雕琢成花瓶和吉祥如意的图案,非常典雅。有的石柱础上另加有一根石柱,或石础和石柱做在一起,更突出柱子的高大。这种石柱础不仅能避免潮湿气候对大木结构的侵蚀,而且挺拔雄伟,十分美观。

鄂西北地区传统民居的木构架形式主要有三种:五柱三落地、五架梁式、七柱五落地。这种结构体系通过将短梁、短柱、榫卯组合为一体,从而缩短荷载传递距离,充分发挥木材的力学性能优势。屋面、楼层的荷载由檩梁传到木柱,开始时柱间墙仅承受自重,只起到围护隔断的作用,当荷载增大、柱基下沉或木梁架倾斜时,墙体就开始起到撑托作用,墙体和木构架共同承重,增强了结构的稳定性(见图7-7)。

图7-7 鄂西北传统民居木构架的使用

土木共济的构筑方式,使木材与土材这两种常见材料的性能相得益彰,从而大大提高了木构架体系的整体经济性和广泛适用性。

7.4.3.2 就地取材,形成多元构筑形态

民居的营建是基于自然材料特性和建造技艺来应对地域性自然环境的过程。在传统民居的营建中,建材笨重,消耗量大,运输成本高,就地取材无疑是降低工程造价最关键、最有效的方式,并因材设计,就料施工。就地取材有效节省了工程费用,丰富了木构架建筑自身的构筑手段,发挥了构架的辅材适应性,为木构架建筑糅入了乡土特色,使木构架体系既有正统的官式形态,也有多姿多彩的地方风貌。在材料使用方面,鄂西北地区传统民居较为一致,屋面铺小青瓦,墙身用砖石或者夯土土坯,墙基用条石或乱石,铺地为砖石或素土夯实,不同建筑材料组合形成了多元构筑形态。

7.4.4 有机的建筑材料

在传统民居的营建中,建材笨重,不便长途运输,因此就地取材成了民居建造的基本原则。民居根据当地不同的自然资源获取不同的建筑材料,并根据不同的材料特性与不同的建造方式相匹配,因此鄂西北传统民居建筑材料的选择是基于地域自然材料产出的结果。

鄂西北地区天然建材资源丰富,土壤以黄棕壤、红壤、黄褐土、水稻土和石灰土为主,既适宜种植林木,又可通过窑烧,加工成砖、瓦等建材,并具有良好的保温和防潮等物理性能。山区建筑木材丰富,有松、杉、栎、槠等,又盛产桐油、生漆等建筑涂料。石材主要有片麻岩和花岗岩,用于墙基、地基、柱础、门窗框等部位,防潮防湿。竹材、茅草等与泥土结合形成非承重的轻质围合墙体,这种竹编墙体也利于防潮和散热通风。鄂西北地区传统民居主要选用砖、瓦、石灰、石材、木材等作为主要的建筑材料(见图7-8)。

图7-8 鄂西北地区传统民居中常用的建筑材料

7.4.4.1　木材

　　木材主要用在民居的结构体系和构造体系中。结构体系是抬梁式构架结合穿斗式,木构架包括柱、梁、枋、檩、椽等。构造体系主要包括屋面构造、楼面构造、楼梯构造、门窗构造。其中,屋面构造方面,房屋举折为"出水",屋面出水的坡度则成为"水成",以"水"表示。鄂西北地区传统民居楼面一般为木构造,楼面下有木梁插入外墙起承重作用。在山区耕地和居住用地面积较少,传统民居多设二层,用来居住或作为储藏空间,并在堂屋两侧设置楼梯。连接二层居住空间的楼梯一般为固定楼梯,连接储藏空间的楼梯可用活动的梯子代替,便于存取物品到隔层。有的隔层使用频率较高,可设固定的楼梯,楼梯坡度较陡,一般在45度以上。鄂西北地区传统民居的门窗材料均采用当地盛产的木材,如松、杉木,都配以精美的雕刻(见图7-9)。

图7-9　鄂西北地区传统民居木雕营建

7.4.4.2　砖材

　　砖、瓦主要由黄土烧制。所谓"秦砖汉瓦",是对中国早期古建筑的一种概念性的描述。其实砖、瓦在湖北的烧制要比"秦砖汉瓦"早得多,2006年,考古专家在湖南省澧县北城头山遗址发现了约6 400年前烧成的砖、瓦,这也是世界上最古老的砖、瓦。澧县北部与湖北松滋县(现为松滋市,余同)、公安县相连,有"一足立三县"之称。春秋战国时期湖南属楚国辖地,澧县宋代隶属荆湖北路,元代隶属湖广行省江南北道。换句话说,湖南省澧县发现的砖、瓦就是古代楚国烧制的砖、瓦。还可以说澧县砖、瓦的发现不是一个偶然现象,应该是澧县、松滋县、公安县这一带普通生产砖、瓦的反映。

砖作为建筑的基座和围护结构,瓦作为遮掩风雨屋面材料,砖、瓦在建筑中的作用非常重要。砖、瓦耐腐蚀,特别适宜于南方潮湿的气候环境,多用于建筑室外的部分。古人对砖、瓦材料的选择非常科学,砖、瓦制造时采用陶土,即取水中沉泥作为原料进行加工,不仅坚固耐用,而且细密度很高,分量很重,故秦砖又有"铅砖"之称。汉初,萧何主持都城长安建设,所用砖、瓦都是由经过澄洗的细泥制成的,并掺有少许金属在内,质地细密,声音清悦,质量非常好。

鄂西北地区民居所使用的砖、瓦十分讲究,一般要经过取土、粉碎、过筛、和泥、制坯、阴干、入窑、烧制和转锈等九道工序。取土,烧砖用的土壤取自地表下二尺深的土壤,这层土壤的颜色略深于地表土,这种土壤没有植物的根系和种子,柔和而有黏性,是烧制砖、瓦的上等材料。粉碎和过筛,挖掘出来的黏土,要经过露天堆积,日晒雨淋,使其内部分解松化,再经过人工粉碎、过筛,除去杂质,留下细密的纯土。和泥,将纯土加水滋润,用牛进行踩踏,使其变成稠泥,然后人力翻泥反复和炼,使稠泥更黏更细,这一工序对砖的质量起重要作用。制坯,将泥土翻填进木制坯模中,压实后,用铁线弓刮去多余的泥,形成砖坯。制坯之前,要在木模下的地上撒一层细沙,以防泥与地面粘连。阴干,脱模后的砖坯要放置阴凉处风干,以防砖坯变形和出现裂纹。入窑,砖坯干燥后,便可入窑,入窑坯体码放非常科学,砖与砖之间要留有一定空隙,以便窑火烧制时每一块坯体的温度相同,以保证每块砖的质量。烧制,一般的砖瓦使用松木作燃料,而密实度高的滤浆砖瓦则用麦草、松枝等慢慢缓烧;经数十天的烧制,坯体基本已被烧结,这时慢慢熄火,外界空气进入窑内,砖瓦坯冷却后则显现红色(红砖、红瓦)。青砖青瓦则要在窑内转锈,转锈即转青。方法是用泥土封住窑顶透气孔,减少空气进入,使窑内温度转入还原气氛,这样,坯体的红色高阶铁氧化物被还原为青灰色的低价铁氧化物,坯体烧结后,为了防止坯体内的低价铁重新被氧化,在密封的窑顶揭开一个洞,把水注进去,水在汽化的过程中,吸收窑内热量,窑内坯体在这一冷却的过程中继续保持着还原气氛,直到完全冷却后出窑,这个过程是砖、瓦转青最重要的环节,由黄土变成青砖、青瓦的过程就完成了。由于青瓦的大量使用,形成了鄂西北地区屋面独特的屋面形态(见图7-10)。

砖材主要用在墙体和地面,其中墙体材料可以分为三类:一类为由黏土烧制的青砖实墙,一类为夯土墙和土坯墙,还有一类是青砖灌斗墙、青砖空斗墙。青砖主要用于外墙和部分内墙,其具有良好的透气性与吸水性,有助于调节空气湿度。青砖墙采用一平一顺、一顺一丁、两平一侧等多种砌筑方式(见

图 7-10　青瓦屋面

图 7-11),外墙厚 300 毫米左右,隔墙厚 200~230 毫米。青砖砌筑砂浆主材为砂与石灰。

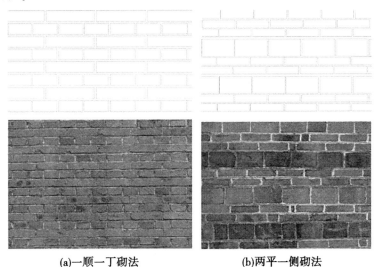

(a)一顺一丁砌法　　　　　　(b)两平一侧砌法

图 7-11　鄂西北地区传统民居墙体砌筑方法

夯土墙用黏土、稻草和石灰的混合物夯实而成,再以砖或者石块加固墙基或墙身,不加装饰,与周边环境协调融合。土坯墙一般上部用土坯砖,并配以较大的出檐,墙基用石材。土坯墙的厚度一般为 300~350 毫米,具有良好的保温隔热性能,并且能够根据空气湿度吸收或放出水汽。

青砖灌斗墙,墙的两面用砖立砌,或立、平交替砌筑,中部空心部分用碎砖、泥土等填充,既节省砖材,又具有良好的保温、隔热、隔音的作用。坚固厚实,冬暖夏凉,增强防御功能。青砖空斗墙,墙体中空,不加填充。

此外,砖材还多用在天井、院落的地面,因其具有良好的透气性与吸水性,可以将雨水尽快渗透到地面下的排水暗渠中。其深色的色彩在夏季能够吸收较多的太阳辐射,减少反射到建筑上的太阳辐射,能够起到一定的降低建筑墙体温度的作用。

瓦材主要用于屋面,鄂西北地区大多为青灰色的弧形青瓦,底瓦、盖瓦一反一正即"一阴一阳"合瓦铺设。主要有两种铺设形式:冷摊瓦和望板(望砖)。冷摊瓦形式:不铺灰,也称为干槎瓦,其做法为椽子上直接冷摊底瓦,底瓦垄间摆盖瓦,其间不放灰泥。望板(望砖)形式:瓦片下铺设一层木望板或望砖,再放置在椽子上。小青瓦屋面的主要作用有两方面,其一是防止雨水渗漏到室内,其二是瓦片交叠铺设,形成一个空间间层,起到隔热保温的作用,在夏季防止过量的太阳辐射热传递到室内,保持室内温度的相对稳定。民居大多采用悬山青瓦和硬山青瓦作为屋顶的构造方式,且工艺较为成熟。

7.4.4.3　石材

鄂西北地区山地较多,石材是建筑常用的材料。传统开采石材的方法一般有凿眼劈裂法、火烧法。荒料开采大致分以下几工序:①盖层剥离,是将盖在石矿上的浮土采用人工剥离的方法除去,以利于矿石开采。②分离,采用人工凿眼劈裂方法使条形块石与原岩分离。人工劈裂法是以传统的人工凿眼、打楔手工劈裂。③顶翻,采用人工用铁钎撬起将块石翻倒,以利将其切割分离。④解体分割,是将条状块石按所需的规模分割毛荒料或荒料。解体分割的方法主要使用的是人工打楔、凿眼劈裂。⑤整形,是将荒料毛坯经过加工形成符合规模的成品。整形的方法有手工锤打和錾凿等。

石材主要用于墙体、柱础、门座、地面、巷道等(见图7-12),鄂西北地区的石材主要有片麻岩和花岗岩。墙体包括墙基础和墙护角,土墙耐水性差,墙基础易受潮气腐蚀,因此砌筑高500~1 000毫米的密实石材(多为毛石)做墙基,比墙身外凸出30~50毫米。墙护角是为了保护墙体,避免墙角因受到碰撞与摩擦而发生损坏,同时起到了防止墙角的潮气向上蔓延的作用。

传统民居的柱子多为木材,容易受潮气的影响而腐坏,因此木柱的防潮防湿极为重要,柱子底部用石柱础,既能起到隔绝潮气向上蔓延的作用,又有利于结构的稳定。门座一般采用石材,同样是为了保护木质门框不受潮气和雨水的侵蚀。天井、院落、巷道的地面也多用石材,由于鄂西北地区夏季降雨较多,石材有利于雨水的快速排出,同时避免雨天泥泞路的出现,方便人们的出

图 7-12　鄂西北地区传统民居石材的使用

行,营造出相对清洁的生活空间环境。

7.5　建筑空间层面的绿色营建

7.5.1　促进通风降温的空间形制

鄂西北传统民居空间形制组织的特点是外向封闭、内向敞开。在内部空间中设置天井、穿堂、院落等开敞空间,改善了密集聚居状态下夏季室内的通风隔热效果。

7.5.1.1　天井

天井是湖北传统民居的标志性空间,主要功能是通风、采光和排水。天井通风功能是充分利用空气动力学原理。空气的流动规律是由密度大处流向密度小处。天井下面气温较低、密度较大,上面气温较高、密度较小,空气自然顺着往上流动,就形成了自然通风。相反,暖空气从地面进入,冷空气从空中跑掉,自动调节了气温,这种利用冷暖气流的互换保持室内宜人气温的方法十分科学。

(1)天井通风。鄂西北地区七八月比较炎热,自然通风与遮阳、隔热同等重要。天井院住宅利用室内外气流的交换,采取自然通风措施,可以降低室温和排除湿气(见图7-13);同时,房间有了新鲜空气流动,从而可以改善生活环境的空气质量。另外,住宅大门常常做有屏门,在门后留有1米左右宽度的抽风小门或抽风口,以利于形成良好温柔的穿堂风。在店铺街屋中设有大小不等、形式各异的天井,或敞开临街面窗户。靠水面的住宅常正面朝街背面临水,利用水面徐徐清风改善通风条件。天井内的暗沟、小水池或大水缸等排水、蓄水系统,取用方便,调节了室内湿度和温度,改善了生态环境,也解决了木结构建筑的防火问题,使住宅冬暖夏凉,更适于人居住。

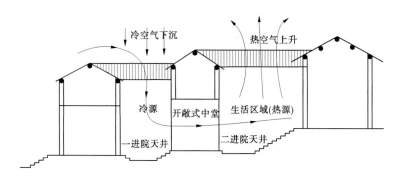

图7-13 鄂西北传统民居天井的通风功能示意

(2)天井的采光。传统民居多为三间、四合等格局的砖木结构楼房,平面有"口""凹""日"等几种类型。两层多进,每进房屋门窗都开向天井,充分发挥采光作用。室外的阳光经过天井"二次折射",光线变得柔和而温馨,给人以静谧之感,使心灵得到安全和满足。人们可以坐在高墙体封闭的厅堂之上,坐"井"观天,晨沐朝霞,观蓝天白云、阴晴雨雪;夜观皓月凌空、繁星点点,如同身处大自然之中,独与天地精神相往来,完成对大自然的尊重与向往,创造出一个环保、婉约、典雅而充满诗意的生存空间。天井四周房屋向内连成一个"口"字形,当下雨时,雨水顺屋坡流向天井,经过屋檐上的滴水或雨管排至地面,再经天井地沟泄出屋外,这种排水功能,使雨水不会流到邻居家,避免了纠葛,又活化了空间环境,增添了自然情趣。春风春雨中,天井里雨声淅沥,顿生"春眠不觉晓"的愉悦。

天井体现了古人聚族而居的特点。一些大的家族,随着子孙繁衍,人口增长,可以天井为基本单元,一进一进地套建住房,形成十几个天井,甚至几十个天井的豪门深宅,增添了"庭院深深深几许"的神秘感。这种大集居、小自由的天井围屋,满足了传统大家族追求世代同堂、共享天伦之乐的聚居需要。由于受儒家文化影响,天井围屋多依山而建,一进高一进,意为"步步高升"。每一处天井围屋,严格按照上下尊卑、长幼有序的传统观念进行安排,形成了特有的"尊儒崇礼"的宗族文化,不仅要求宗族邻里之间恪守礼制,村落、民宅的布局也要合乎礼仪,形成一种秩序之美。确立了伦理的主导地位,以"礼"待人,礼仪与宗法并重的世风民俗。为解决连片封闭的围屋采光、排水、通风,又能营造独特的绿地环境,于是出现了采用内院廊庑迂回和分割的形式,由庭院、前后厅、天井、厢房等组成。这种顺应自然山形地势、错落有致、进退有方的结构,不仅避免了建筑的单调、刻板,给人以一种自然造化的感受,而且能最大限度地节省用地,符合今天我们所倡导的节约用地的设计理念。

7.5.1.2 院落

院落形式也常见于江淮地区的传统民居中,院落在民居中的组织方式主要有两种,一种与天井一起共同组成民居室内空间,另一种是多个院落组成民居室内空间。江淮地区是南北方分界线,院落的空间尺度介于南北民居之间,民居依地势而建,较皖北平原民居规模小,但与皖南山区民居相比,占地面积更大,面阔与开间的尺度较大。夏季遮阳的需求高于冬季采光保暖,因此院落的纵向尺度较北方院落更为狭长,以产生良好的风道导风作用。与皖南民居强调遮阳和垂直拔风作用的天井相比,更为豁亮开敞,多个院落纵向串联组合,有利于形成穿堂风。

7.5.1.3 穿堂

穿堂是与天井或院落相连的开敞而无气候边界的厅堂。穿堂空间是鄂西北地区特殊气候条件和文化环境作用下的产物,蕴含着丰富的生态与文化智慧,有着夏季遮阳、加强采光与通风、气候缓冲区等作用。

穿堂有两种基本类型,其一属于外部敞厅,此类敞厅往往一侧面向天井开放,另一侧为墙体,不与建筑内部其他空间相连通,仅作为居民活动空间,常见于大型建筑组群内部,作为家族活动、祭祀、集会的场所;其二属于内部敞厅,此类敞厅可单向或双向面对天井开放,并且与建筑室内空间连通在一起,除提供居民活动的场所外,同时承担增强室内采光、加强室内通风除湿的作用。内部敞厅在单层建筑中出现时往往在左右两侧设置厢房与其连通,也可出现在双层建筑内,卧房设置在敞厅的上方,通过敞厅空间进入,敞厅也就成了室内外的过渡空间(见图7-14)。

7.5.2 利用半室外空间以提高隔热遮阳

鄂西北地区传统民居设计形式多样的半室外空间,包括挑檐、檐廊、回廊、入口凹进等,既能降低降雨对围护结构的损害,又有利于减少墙体外表面和门

图 7-14　鄂西北民居中的敞厅

窗在夏季获得的太阳直射辐射。挑檐是传统民居中最常见的做法,直接将坡屋面延伸,四面悬挑出檐。在此基础上可将檐柱落地,形成檐廊。还可围绕庭院做成一圈环路,形成回廊。

　　另外,鄂西北地区传统民居在入口处进行凹进的处理,入户门所在的墙体有一定角度倾斜,上方的屋檐不随其凹进。这种入口处理方式,有利于遮阳和挡雨,能够起到气候缓冲的作用,同时拓展了入口空间,形成空间节点。倾斜一定的角度是为了朝向景观视线良好的方位。

7.5.3　设置辅助空间以进行气候缓冲

　　分布于鄂西北山区和河谷平原的传统民居,居住模式采用底层居住上部隔层的空间类型。设置阁层、阁楼等辅助空间,成为建筑居住层之上的一个空气间层(见图 7-15)。起到气候缓冲作用,利于主要居室保温隔热。

　　鄂西北地区传统民居的木构架所占空间较高,常利用这一高度架设阁层、阁楼。处理形式多样:一种是增设可上人楼面,当楼下空间不足时兼作临时卧室,具体做法为密梁木楼板,以纵横交错的主次梁为骨架,上面铺满 30 毫米厚木板,木板均涂桐油;另一种是用木板、竹竿等材料简易架设隔层,主要功能是堆放杂物,隔层具有隔潮、防鼠、防盗等作用,有利于储存粮食。

　　潮湿环境条件下的传统民居,隔层的植入是基于山丘地形环境条件下的低层高密度的布局模式,在有限的用地面积条件下拓展更多的建筑空间,同时是对夏热冬冷的地域气候的响应。

图 7-15 鄂西北传统民居阁楼空间的设置及利用

7.5.4 特殊处理室内空间以调适居住环境

7.5.4.1 提高房屋内部净空高度

鄂西北传统民居采用抬梁式结合穿斗式木构架,这种木构架在满足大空间使用需求的同时,也挑高了建筑内部空间高度。这一做法的意义有三:一是利用屋面通风口或山墙开口,提高室内采光和促进自然通风;二是利用形成的温度梯度,使热空气层高度升高,提高活动空间的热舒适度;三是形成遮阳,减少热辐射,并利于热压通风。

例如,"一"字形布局的传统民居在正厅部分通常不设隔层,梁架暴露在正上方,使得空间获得 6.5~7 米的垂直高度,有利于提高室内照度,加强房间的自然通风。室内空间形成温度梯度,最高温度空气贴近屋面下部蓄积,高于居住者活动空间的高度,在夏季使活动空间的温度处在比较舒适的范围。

拔高的建筑体量可以创造出更多阴影,再加上建筑单元间紧密的布局,使建筑始终处于阴影的遮蔽下,起到很好的降温效果。同时升高的建筑体量还可以加大地面与建筑顶部之间的热压差,有利于巷道和建筑内的通风和散热,提高了居住环境的舒适度。

7.5.4.2 形成可变空间

为应对不同季节气候的调节需求,兼顾考虑夏季防热和冬季防寒,鄂西北地区传统民居内部存在大量可变的界面,通过调节不同的界面形式,来获得不同季节和气候下室内空间的舒适度。

鄂西北地区的传统民居通常设有一整面可开合拆卸的木质门扇,在炎热的夏季,将木质门扇全部打开,使厅堂变成敞厅,引入外界自然风,加快人体周边的空气流速,提高人体热舒适度。而在冬季,通过关闭门扇来阻止冬季冷风的进入,起到防寒保暖的效果(见图7-16)。

图 7-16　鄂西北传统民居敞厅可开闭门扇

7.6　建筑界面的绿色营建

7.6.1　墙体构造的隔热降温

　　湖北民居墙体的主要形式分为两种:一种是实心墙,即全部使用砖砌筑;另一种是外砖内土混合砌墙,墙体在砌法上由两部分组成,墙身下阶为实砌,下阶之上的墙身则采用灌斗墙,即墙体外侧使用了整砖,墙体内部多以碎砖拌三合土填充,这种做法节省了砖的用量,既经济实用又美观大方。由于墙体较厚,一般为0.5米厚,为增加墙体的整体性,砌筑时每隔1米左右都要砌一层丁砖对内外进行拉结。3米以上则采取"蚂蟥攀"的方法用铁丝拉定(两边为"一"或"十"字形薄铁,中间用铁丝拉结)。鄂西北地处夏热冬冷地区,灌斗墙厚重的墙体和围护结构具有很好的保温隔热效果,既能满足冬季保温的要求,又能兼顾夏季隔热的要求。

　　鄂西北地区传统民居可分为青砖实墙、青砖灌斗墙和青砖空斗墙等重质墙体,木板壁等轻质墙体。外围护墙体以重质墙体为主,室内隔墙重质墙体和轻质墙体均有。

7.6.1.1　轻质墙体

木板壁又称板壁墙,通过在柱枋间划分细格镶嵌拼接木板而成,用于木板壁的板材多数是次等材料,故尺寸较小,板壁厚度通常为 20 毫米。用非通高的木板壁分隔传统民居内部各部分空间,形成隔而不断的空间效果,既有利于防潮,又能达到降温效果。

竹编夹泥墙用竹篾条横竖交错编织成网状的墙片嵌入固定于边框,竹篾编制成网后,涂抹草筋泥灰浆一遍,用其黏性起到拉结作用,从而提高墙体稳定性。也可将竹篾编织嵌入固定于木柱与木枋构成的边框中,最后刷石灰粉白,提高美观性。竹编夹泥墙布置灵活、轻盈薄透,在满足围护功能的同时还具有透气吸潮的优点。同时,白色的墙体可以反射一部分太阳辐射热,减少室内环境得热,在炎热的夏季保持比较凉爽的室内环境。

7.6.1.2　重质墙体

鄂西北地区传统民居围护墙体以青砖实墙和外贴青砖内用土坯的青砖灌斗墙为主,也有用青砖实砌筑的(见图 7-17)。

图 7-17　鄂西北传统民重质墙体

7.6.2　屋面构造的防雨隔热作用

鄂西北地区传统民居屋顶以小青瓦硬山坡屋顶和小青瓦悬山坡屋顶为主,合瓦铺设,压七露三。传统屋面做法主要分为三种:冷摊瓦屋面、木望板屋面和望砖屋面。木望板屋面和望砖屋面,先在檩条上铺设一层望板或望砖,再用瓦片覆盖,瓦片宽为170~180毫米,长200毫米左右,瓦垄间距200毫米。而冷摊瓦屋面直接铺在椽子上,不用苇箔、灰泥等,从室内看瓦底露明。

这种屋面做法较好地呼应了鄂西北地区多雨的气候。首先,这种铺瓦形式和屋面交角处的窝脚沟设计有利于雨水迅速排出。其次,压七露三的合瓦铺设方式形成瓦体间的缝隙,这种非密闭性做法在无主动排风设备条件下,是室内空气换热、炊事排烟较为有效的方法。最后,由于望板是平的,青瓦是拱状,铺设时使得两者形成空气间层,利于增大屋面热惰性,进而提高屋顶的保温隔热性能。

7.6.3 地面构造的透气吸潮作用

鄂西北地区传统民居夏季潮湿多雨,地面需要防潮处理。防潮策略一部分在于降低空气湿度,另一部分在于防止材料表面返潮结露。地面做法主要有四种:三合土地面、青砖地面、木地板地面和条石地面。三合土地面是较为常见的室内外地面做法。家庭条件较好的民居室内外地面采用青砖地面,还有的民居在室内用木地板地面。条石地面通常只用在天井或其他有防水需求的部位。

7.7 建构方式的绿色营建策略

7.7.1 灵活可变结构体系

鄂西北地区传统民居以木结构为主要结构体系,对木材的选择、开采与处理也有着特别智慧。木材是天然的暖性有机材料,性能稳定,外观朴实,具有良好的触觉效果,深受人们的喜爱。木质材料所具有的自然韵味及天然香气,是其他材料难以取代的。用木材建造的民居,使人感到亲切放松和自然。但是木材的种类很多,性能不一,必须要按照建筑不同需要选择树种。湖北民居常用的木材树种分为针叶树和阔叶树两大类。民居梁架结构主要选择针叶树木材,如松、柏、云杉、冷杉等,其优点是树干通直而高大,质地轻软而易于加工,胀缩变形较小,比较耐腐蚀;缺点是硬度较低,树脂较多,容易生虫。民居中的门窗装修主要选择阔叶树木材,常用的有檀木、香杉、橡木、枫木、水曲柳等,这类木材的特点是树干直,不容易变形,加工方便。梁柱的连接采用榫卯方式,接头处用木销锁固,无任何金属件,形成一种超静定结构体系。这种民居具有施工简易、工期短、冬暖夏凉、抗震性能好等优点。

传统建筑中大木结构所使用的木材必须进行处理,如果不进行处理,木材在干燥的过程中,则会霉变、开裂、变形和糟朽,最后导致民居建筑坍塌。对木材的处理方面,湖北人有着特别的智慧,这种智慧也在鄂西北地区广泛传播。

木材的化学成分主要是纤维素、木质粉和树脂等,其中树脂是引起虫蛀和糟朽的主要原因。湖北是一个蛀虫和白蚁危害十分严重的地区,木结构建筑每年因蛀虫和白蚁所造成的损失不可估量。所以,木材要运用到建筑中时,在使用之前,必须要对木材中的树脂进行处理。古代皇家大型工程的木材是直接派人进山砍伐,然后经水路运输到达目的地。如明永乐十年朱棣下旨派30万军民工匠大修武当山皇家庙观,并将四川的木材运往武当山,是时长江上游流放的豫树、章树将江水都堵截阻塞。明王世贞《武当歌》有云:“少府如流下白撰,蜀江截云排豫章”。水上放排是古代常用的一种运输木材的方式,木材在水中少则十几天,多则几个月,木材中的树脂就会被水溶解,并随着水流的冲刷逐渐消失。但是这种脱脂的场地和条件,民间无法满足。用水浸泡脱脂的办法,民间则完全可以做到,于是湖北人就利用住地四周的水塘,将木材泡在水塘中,为了使树脂更快脱出,泡前剥去树皮。脱脂后的木材,不但不容易变形,而且没有虫蛀。

鄂西北地区的传统民居多采用抬梁式和穿斗式结合的木构架。这种结构体系结合了两种木构架体系的优点,第一能营造出跨度大、开阔敞亮的空间;第二能减少室内立柱的数量,可节约木材,降低成本;第三可提前装配成整体屋架,再竖立安装,方便施工,缩短施工时间。

当建筑需要加建、扩建时,在主房的任意一面,仅仅需要在既有结构邻近加扩建部分的柱上开榫,拼接上去加扩建部分的构架即可实现,这种结合的木构架体系既能给平面、空间划分带来很大的灵活性,又利于建筑的施工、改建、扩建和体形调整,具有灵活的可扩展性与可调整性。

7.7.2 巧妙细部构造处理

鄂西北地区夏季多雨潮湿,防潮是民居建造时需要考虑的重要问题之一,防潮包括防雨、防水汽和防地下水三方面。

7.7.2.1 防雨

屋面以硬山顶为主,青瓦瓦面小,以“叠七留三”的方式紧密排布。向外起拱的瓦垄与向内凹下的瓦坑将雨水分流,便于及时排雨。檐口处的滴水、封檐板、勾头等防止屋面木构架直接接触雨雪,有利于提高耐久性。

7.7.2.2 防水汽

当夏季温度和湿度较高的空气接触到温度较低的石础、墙脚时,会产生结露现象,导致室内湿度增大,腐蚀木材。针对这种现象,鄂西北传统民居建造时注意自然通风,减少室内湿气聚集。使用桐油作为木材、金属的涂料,防腐蚀性能优良。木柱不完全埋入墙体,露出一半在外,用来排除潮气,保证透气干燥。青砖墙体,不仅可以防水,还能吸收少量水分,但又不会将整个墙体渗透。青砖之间的砂浆十分讲究,用石灰、糯米、桐油等按照一定比例经充分搅拌而成,从而砖缝平整且黏性密实,有效地阻断外界水汽从缝隙侵入。

7.7.2.3 防地下水

建筑基础采用砂石素土夯实,提高室内标高,阻止地下毛细水的渗透。青砖铺砌,孔隙率大,呼吸性能强,可以吸收水分。木构件不落地,垫以石柱础。天井院落地面标高低于走廊地面,并用青砖或青石板围绕在四周,防止雨水飞溅至走廊和起居空间的地面。天井院落地面下挖排水暗渠,与巷道一侧的排水沟相连,通向村前低处的池塘或暗渠,形成有效的排水通道。

7.7.3 民居给排水设计

7.7.3.1 给水设计

民居给水主要有四种方式:一是取自附近的河流、湖泊和池塘;二是挖塘蓄水;三是打井取水;四是引用山泉水。

湖北是千湖之省,又有长江和汉水两条大河从域中流过,水资源非常丰富,过去的交通主要靠水运,村落多依水而建;有的在河一侧,有的夹河而建,房屋毗邻,朝向依河而定。河边建有不少码头、河埠。建筑也往往做吊楼或其他临水建筑。特别是鄂东南水网密布的地区,小桥处处,流水人家,保证了生活用水、生产用水、交通用水,村落与水互相映衬,显露着灵气与秀美,美不胜收。

在偏离河道湖湾的平原和丘陵地区,民居用水常常是以打井的办法来解决。

湖北人对地下水的利用历史悠久,至少在6 000年前就懂得挖井饮水,并通过生活实践,认识到井水比之江湖塘水更为清洁卫生。《易经》中有"改邑不改井"。孔颖达疏:"古者穿地取水,以瓶引汲,谓之为井。"三国时期的刘熙在《释名》中说:"井,清也;泉之清卫者也。"考古发现古井最多的是春秋战国时的楚国。

水井既可用于生活用水和灌溉,又可用于贮存食物,十分方便。根据地下水的埋藏分布和含水层岩性结构,古人创造了多种多样的井型。常见的有圆形筒井:直径多为 0.8~1.2 米,深度一般为 10~20 米,施工时人可直接下入井筒中挖掘土石。这种井宜于开采浅层地下水,一个水井可供 4 户人家使用;对于地下水丰富且均匀的平原地带,开挖的水井一般位于村落中心,因水源充足,可供几十家甚至百十家人使用。山区丘陵的水井选址,通常在有泉水的地方或地下水丰富的洼地,一般位于村落的上方,为了防止生活用水与生产用水相混杂,水井常常开在水塘的上游方向,以保证水质的卫生。

在水资源相对缺乏的地区,常用挖塘蓄水的办法解决吃水问题;在村落前沿挖掘水塘,一来解决生活、生产用水和满足观念上的需要;同时贮水防火,对村落安全是一个有力的保障。这种利用水塘贮水的方法在鄂西北地区十分常见。

另外,在地质条件不好,或不宜打井的地方,居民们想出一个巧妙的办法,即引用山泉水来解决生活、生产用水,一种是通过明渠或暗渠,引水进村;因山区岩石坚硬,或没有浅层地下水的地方,山民们则有一种更巧妙的办法,即用竹筒引来山泉水。如利川鱼木寨由于整个山寨凸起,没有地下水资源,山民们将竹子劈成两半,作为水槽,将山泉水引到自家门前的石蓄水池中,贮存起来,旁边安放有石缸、石盆、石桶等青石做成的各种生活器具,以供平时洗衣、洗物之用。

湖北人的给水方式注入了丰富的生态学内涵,形成了一种文化。一口水井,可以洗衣、洗物,聊聊家常;一泓清泉,便可以取水、灌溉,戏耍嬉闹。人们在生活中交往,在劳动中娱乐,在交汇中融合,润泽后人。水井也称"乡井""市井"。人与水之间形成的空间场所,融入生活的方方面面,对人们的物质和精神生活产生了不可磨灭的影响。给水的方式不断变化,深浅宽窄,地上地下,与古村落互动协调,渗透相连,形成了独特的水文化。水与区域文脉联结成为一种乡情,成为乡土情怀的重要标志,离开故乡便称为"背井离乡"。

7.7.3.2 排水设计

民居排水是一个系统工程,它包括屋面排水、地面排水和暗沟排水。湖北气候四季分明,夏季炎热多风雨,冬季严寒多冰雪。民居排水必须与这种环境相适应。古代的匠师们因地制宜,巧妙地创造出适应这种气候的构造方式。

1. 屋面排水

屋面排水主要是通过屋面举折和滴水瓦排到天井。

2. 地面排水

民居建筑前缘台基的宽度和屋面出檐有一个合理的比例,台基大多按出檐的 2/3 或 1/2 计算,以确保雨水排在台基外。为了防止起风造成部分雨水飘到台基上,台明压面石做成散水(斜坡面),可将压面石上的雨水排出到天井院;天井院则做成"龟背"形坡面,使汇集在院中的雨水流向渗井和暗沟里,再流入街巷排水管,最终流进池塘和河流(见图 7-18)。

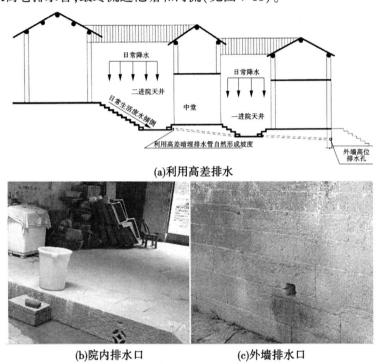

(a)利用高差排水

(b)院内排水口 (c)外墙排水口

图 7-18 鄂西北传统民居排水策略

暗沟排水:天井中渗井(暗沟)设置在天井地面较低的区域,渗井口上的石盖板接缝不封堵,雨水通过接缝和石盖板上的洞眼流入渗井,再从渗井暗沟往外排。渗井没有口沿,直接以石盖板压口,石盖板往往做成古钱形,取"水为财之意",既美观又加快雨水下落,防止因雨势较大造成院内积水。

窨井的设计十分科学。窨井在排水中一方面起缓冲作用,即将雨水迅速从地面送入暗沟中排出;另一方面沉淀泥沙,大雨过后可定期清除,防止暗沟堵塞。别具匠心的是窨井下放置一口陶罐,使泥沙沉淀在陶罐内便于清除,而且在陶罐里放有泥鳅和鳝鱼,用以清除流到暗沟的剩菜剩饭等有机物,防止其霉变后产生有害气体,同时泥鳅和鳝鱼在暗沟中活动有利于疏通暗沟堵塞物。

大的天井围屋出于排水之需,沿中轴纵深依次升高各进院落地面标高,使院落地面始终保持前低后高的院落布局,全院的雨水集中于每一进天井院设置的下水口,自然地汇集到前院。前院的大门或倒座台基的阶条石下设排水口,经由地下暗道直接排入村落的排水沟;再通过直排或暗沟排至门前水塘,风水塘的大小与村落的规模相适应,都有较大的容量,既能有效解决村落中的积水问题,又能蓄水以备日常生活、生产和防火之用。鄂西北民居采用天井院式,"一正两厢房,四水落丹池",下水道"天井凼"用石头铺砌,以用于排水排污。

第8章 鄂西北传统民居与
周边各地民居比较

　　对鄂西北地区传统建筑与周边地区建筑进行比较研究,探讨其形制的承传与衍化现象,挖掘本地建筑风格形成的深层原因,首先需要了解鄂西北地区的移民情况,厘清源与流的关系,来自五湖四海的移民在迁徙到定居的过程中将原乡文化带入鄂西北地区,与本地文化相互影响渗透,然后通过这里向四面八方传播,对明清几百年间各个地区文化的交汇过程不可能完全探寻清楚,只有返回源头,循着移民留下的依稀脉络在原乡与他乡之间探寻建筑的原型与衍变,清理出鄂西北地区传统建筑生成的过程。把移民的原籍区域定为建筑原型的取样区域,那么对周边地区进行取样遵循以下原则:首先是自然疆界与人为疆界的差异问题,鄂西北地区在历史上的辖属曾有变更,但是人为划定设立的州、县等界限在研究中并不具有太大意义,比如若同一县内因临水或傍山,在建筑上很可能都存在差异;其次是移民迁移路线的问题,移民路线的选择对移民文化造成的影响,也会在建筑形式上有所反映。

8.1　比较对象区域的选定

　　十堰处于南北交接的过渡地带,其建筑自然也受到南北文化的冲击。本章主要分析江西北部民居对它的影响,体现在平面布局、空间组合、立面处理等多方面。整体而言,原乡所携带的建筑技艺与文化在移民道路上呈衰减态势,同时由于十堰特殊的地理位置,也使境内分布在汉水流域南北的建筑出现细小差别。

　　基于鄂西北的地理位置,加上十堰地区传统民居的体量规模,选取十堰地区周边的赣北、鄂东,即将十堰地区与赣北、鄂东地区传统建筑进行比较。选择赣北作为比较对象,是因为移民路线,且赣北的民居以天井式闻名。

　　进入十堰地区的移民来自各个区域,江西移民在各地移民中并不位居首位,湖北地区的移民分布呈现出这样的趋势:鄂东、江汉平原一带江西籍移民占主体地位(从东至西江西籍移民的分布呈递减状态),鄂西北地区北方移民占主体地位,鄂西南地区则主要接受湖南、广东、福建等籍的移民。鄂西北的襄阳地区是江西籍移民由鄂东、江汉平原向十堰地区转化的过渡区。十堰地区传统建筑既受到南方建筑文化的影响,又受到北方建筑文化的冲击,呈现出多样性的特点。虽然湖北各个地区江西籍移民的分布有差异,但是在整个湖北区域内江西籍移民仍然位居榜首。明清"江西填湖广"的移民大背景下,江西籍移民进入十堰地区的路线相对清晰,便于分析比较的进行,而迁入湖北的江西籍移民主要集中在江西北部,十堰地区传统建筑确实在很多方面受到江西建筑的影响。

另外,选择湖北鄂东作为另外一个比较区域,因为以江西为主的长江中下游移民多乘船溯江而上,经鄱阳湖,过都昌、星子、湖口入长江,然后或从湖口北渡大江 80 里至黄梅县,或从湖口入长江上溯,至蕲州、黄州、汉口,进入湖北境内后,分支为不同的移民路线。来自湖北的江西籍移民主要出自饶州、南昌、吉安、九江四府,也就是今天的南昌、鄱阳、九江、德安、余干、丰城、景德镇、乐平、吉安、泰和等市(县)。可以发现,主要迁移人口集中在赣北。而从赣北进入湖北,在水路上就需要利用长江,在陆路上就要利用鄂东南与赣西北之间幕阜山、九岭山等山脉的山地间谷地为交通孔道。在这个线路中,鄂东是必经之地,因此选定赣北、鄂东、十堰这三个区域的传统建筑进行比较分析,比较不同地区传统建筑的异同,找出其中源与流的关系。

8.2 平面布局比较

8.2.1 "一堂两内"与连间式

我国很多地区传统民居建筑平面组合的改变都是由"一堂两内"演变的。"一堂两内"也被称为"基本型",它也是普通百姓所喜用的,因为其结构简单,经济合用。这种简单的民居形式是江西民居平面组成的基础。

"一堂两内"的平面基型的特征就是"一明两暗",其对江西地区传统民居的影响深远。由于天井的出现,"堂"与"内"之间形成了围合布局,使两个原本互不相关的空间进行融合,不仅使平面空间极具变化,更突出了"围合"的形制,将原来的建筑室外空间纳入建筑的内部变成了室内空间。在赣北、鄂东、十堰三个地区,"一堂两内"的平面格局比较多见,但在布局上又各自不同

（见图 8-1）。

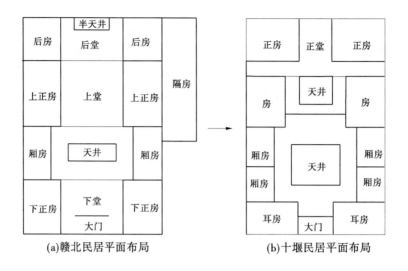

| (a)赣北民居平面布局 | (b)十堰民居平面布局 |

图 8-1　"一明两暗"布局的演变

在赣北、鄂东、十堰区域内,连间式是常见的民居布局形式。三至九连间不等,也有在主体房屋一侧或前方加建一间偏房,作为厨房、储藏室、牲畜房等辅助空间使用。明清时期,"三开间"的简单型布局是这三个区域大量使用的普遍形式之一,因为大部分平民百姓的经济能力都很有限,这类房屋营造简单,经济适用,便于拆迁。其缺点是用料粗简,多用土坯建造,耐久性差。在连间式基础上所发展的"一明两暗半偏厦""簸箕屋"等亦是三个地区的常见形式。不同之处在于,在行政中心管制较强的地方比如环鄱阳湖区,民居横向拓展受到较大限制,一般"不越三间"。在远离行政中心的地方如鄂西北地区,开间数所受限制则较小。

对于赣北民居而言,平面的基本单元为"进",所谓一进就是环绕天井布置上堂、下堂、上下房和各厢房等居住空间。上堂是家庭生活的主要空间,下堂作门厅空间使用,上下房则是卧室,厢房有的作为卧室使用;主入口开在侧面的,下堂作为活动空间,厢房则演变为入口空间,作为走道使用。隔房作为厨房、储藏室之用时,常被排在主体建筑一边或两边。这种院落和布局形式体现了古代社会宗族礼制的尊卑秩序,具有强烈的地方特色[见图 8-1(a)]。而鄂东及十堰地区,平面形式则不与赣北地区相同,在空间形态上也不尽相同。

8.2.2　天井式及其组合形式

明清时期的住宅制度对民居开间的限制要求严格,但对进深方向的限制较为宽松,因此多地的民居发展总是先沿进深方向拓展,而后再寻求开间上的突破。因此,一些有钱人家虽明面上不违背政策,但在进深上大做文章,多进大宅比比皆是,有的大型豪宅多达十几个天井,多进深是赣北传统民居的一大特点,在另外两地也有案例。

明晚期,房屋建造的制度开始松弛,清代以后更是没有了禁令约束,这时多开间的住宅开始陆续出现,平面布局形式更加多样、丰富。由于“一明两暗,面阔开间”的形式易于解决通风采光的问题,因此在后来很长一段时间里这种形式仍然被广泛使用。

在赣北、鄂东、十堰三个地区都大量采用“天井式”的平面形式,相同之处在于都是围绕天井来布置厅堂、厢房、上下房等空间,一进成为天井式民居的基本单元,大型宅院则由多路多进天井组成,因为组合方式的不同又衍化出不同的形式。对于单进天井式民居而言,这三个地区的主体建筑部分平面布局基本相同,即厅堂空间以及环绕天井的厢房模式没有变化。对于多路多进天井式民居而言,则出现多种变化的可能性及变化方式。

赣北、鄂东、十堰地区民居平面形制的异同主要有以下几点:赣北、鄂东、十堰地区都有连间式民居的大量存在,单路多进式民居的组合方式基本相同,如果开间数过多,都通过厢房或墙体将天井分隔,避免天井长宽比过大。多路多进的大宅院组合方式则发生变化,鄂东则在此基础上,发展出由几路完整堂厢天井式建筑的并联形式。

从鄂东到十堰地区民居平面形制的变化基本上是一路简化的过程,主要体现在以下两个方面:①开间数减少。鄂东地区传统民居以三五开间为主,但也不乏七开间甚至九开间,十堰地区所见至多五开间。②组合方式单一。十堰地区目前遗存的院落式民居至多三路多进式,天井并联组合。产生这种变化的根源比较复杂,大概有以下几点:其一,可能是在迁徙过程中,随着时间和空间的推移,匠师及技艺不断遗失导致所能体现出来的物化的原乡传统的工艺程序和形制讲究越来越少。其二,也许与移民分布有关,鄂东地区在湖北地区无疑是江西籍移民分布最多的区域,而在十堰地区,江西籍移民让位于北方移民,十堰地区传统民居的组合方式同时受到北方建筑的影响。其三,鄂东地区有很强的宗族观念,这点体现在多方面。鄂东南地区传统聚居方式以宗族血缘型聚落为主,祠堂成为村落形态格局的主要控制要素。鄂东北地区位于山坳处的宗族聚落及祠堂是最具特色的聚落与建筑之一。而在十堰地区,宗族聚落相对少见,祠堂存量也不多,所见传统建筑很少有家族百十口人共同建造居住的。其四,鄂西北地区多山,受地理地貌限制,山区确实也不具备建造大屋的条件。

8.3 空间组合比较

赣北、鄂东、十堰三个地区空间组合的差异性体现在以下几点。

8.3.1 入口的变化

入口显著的变化:重视台门及前院空间(赣北地区)→台门与入户大门合二为一(鄂东、十堰地区);并非所有的赣北传统民居前都设庭院,这里可以将赣北台门看作是十堰地区传统民居槽门的发展原型。庭院大门称作台门,台门是赣北民居重点处理的部分。台门中轴线与建筑主体中轴线一般不在一条直线上,否则太贯通一气,容易泄财。台门的设置不完全以主体建筑的朝向为主;为了朝向最佳方位,台门一般会扭转一定角度,这样可避免建筑主体的入口偏转。台门是一个相对独立的单元,在距离主体建筑之处设立台门,台门与主体建筑之间为空阔平坦的场地。如果前院有空间需求,台门就与主体建筑围合成院。从赣西地区到鄂东地区,台门之制发生了变化。鄂东的做法是将台门与入户大门合二为一,称作槽门。槽门设于当心间的中轴线上,当心间的外墙向内退进一段距离,1.5~3米不等。这种入口退步的做法,自然形成一间高大的入口门廊。槽门常常偏转一定角度,即入口门墙并不平行于主立面墙体。在鄂东地区,由于受到村落整体结构的影响,某座单体房屋的位置、朝向往往相对固定,而槽门却不受主体建筑轴线方位的控制。赣北地区秩序化的前院空间主要布置马厩、猪圈等,而鄂东南地区传统建筑则将这些空间纳入建筑主体之内,因此没有设置前院空间的必要了。十堰地区传统民居的入口做法与鄂东南地区相似,吞口、石库门、仿木的牌楼、八字门等都有见,不同之处在于凹入式的大门更多位于正房明间,而不是与整栋建筑入口相结合。也因为与主体建筑相连,槽门不再偏转,而是与主体建筑的轴线一致(见表8-1)。

表 8-1　三地传统民居大门不同做法

入口形式	赣北地区	鄂东地区	十堰地区
凹入式			
门罩式			
门楼式			

8.3.2　天井的变化

　　首先比较这三个地区天井的形式。整个江西传统民居普遍采用天井来组织平面和空间。根据天井坑池的形式,赣北、鄂东传统民居的天井有以下几种形式:土形天井、水形天井和坑池天井。土形天井和水形天井的区别在于是否结心,结心指在坑池中间筑起一块高埠。坑池天井用一圈栏板将坑池内外隔断,栏板约半米高,可防止雨水四溅。若天井一侧贴墙,称为"虎形天井",虎形天井亦有是否结心之分。十堰地区多见土形天井、水形天井两种(见图 8-2),其中部分水形天井将中间高埠用青石板铺筑,宽度仅供一人行走。虎形天井在十堰地区则很少见。

　　然后比较这三个地区天井的尺度和比例。相对于鄂东和十堰地区,赣北传统民居天井形状多为横长,随着开间数的增多,则用厢房将天井分割成多个。横长形状的天井利于遮阳,也适用于人口密集的聚落环境,但宽深比过

图8-2 十堰民居天井的主要做法

大,民居的采光和防潮就会受到影响。赣北民居天井的面宽一般也只比正房明间面宽略大,很少从正房前面横亘而过。有的民居因正房开间数较多,为解决采光,天井不得不进一步拓宽。同时又为避免泄气,特意用墙体或厢房将一个大天井从中隔开,分成三段。鄂东与十堰地区的天井尺度则比较多样化,鄂东地区虎形天井运用比较广泛,赣北天井这种处理方式在鄂东亦常见,但十堰地区已完全见不到将一个天井一分为三的情况。十堰地区因为处于南北交接的过渡地带,较之鄂东更多出现了开敞宽阔的庭院。

天井屋盖的处理:在赣北、鄂东地区的祠堂、会馆、民居等天井上方加设屋顶,这个空间称为过厅、抱厅等。这种建造方式不仅更好地解决了天井的遮风避雨问题,提供了更为灵活的活动空间,而且不影响天井的通风采光,这种优越性使过厅在赣北、鄂东大量存在(见图8-3右)。鄂东南地区在开间较大的祠堂中,天井中部设屋顶而两边留出,这样不仅满足实际功能需求,也更适合祠堂的祭祀氛围。十堰地区的天井上部基本不做屋顶,仅在十堰黄龙镇黄州会馆中有天斗做法。

图8-3 十堰天井(左)与鄂东天井(右)

8.3.3　楼居模式的变化

江西传统民居大部分都为 1~2 层,3 层民居主要分布于江西北部的婺源、景德镇一带,数量有限。主要因为婺源、景德镇一带徽商发达,富裕家庭相对较多,而可利用的土地资源又非常有限,因此各家各户在用地不充裕的情况下,只能让住房向高处发展。赣北民居的厢房和正房多设置楼房,厅堂则不一定。用于会客的厅堂一般不设二层,形成的高敞空间可增添建筑气魄。若厅堂主要供自家使用,则多在二层设楼层作"楼上厅"。现在所存的传统民居多为明清时期所建,层高在 4 米左右。

鄂东地区典型民居多为两层,正房和厢房一般都设阁楼,厅堂亦不一定。与赣北不同的是,鄂东上层为阁楼,层高较低,通常不作为居住空间,而作为仓储用房。阁楼在使用功能上虽退居次位,但在其屋面与地面层之间形成的夹层空间具有通风隔热效果,使得地面层居住空间热舒适性得以较大改善。

十堰地区在厢房和厅堂上设阁楼的情形也很常见,然而位于厅堂上方的二层阁楼通常只沿墙体设置,作为联系次间的通道。所以,总体看来,从赣北地区到十堰地区,二层空间的使用频率逐渐降低。在赣北地区部分民居的二层空间用于居住,在鄂东地区二层空间衍化成阁楼,用于仓储,在十堰地区,厅堂上方通常只设联系次间阁楼的通道。

8.3.4　室内空间的变化

赣北地区民居以"进"作为基本构成单元,环绕天井布置上堂、下堂、上下房和厢房等生活居室,这一点鄂东地区和十堰地区都是一样的。江西冬季不是很寒冷,倒是夏季炎热,所以大多数堂屋都是敞开的,或者只为增加气势而在堂屋前加设作为过渡空间的轩廊。许多民居的檐柱向两侧偏让半个到一个步架,使檐柱开间尺寸大大超过堂面金柱开间尺寸,形成檐柱和金柱不对位的柱网形式。其目的是让出两侧正房面向天井开窗位置,满足正房采光、通风的需要,同时以此显示主人的气派,这一点在鄂东地区和十堰地区都是一样的。不同之处在于厅堂的方位,这是由三个地区不同的平面组合方式所决定的。赣北地区因为平面组合主要采用从屌式,因此厅堂和建筑主入口的方向不一定在一个朝向上,同时上堂和下堂都向天井开敞。鄂东地区在这一点上和赣北地区很相似。

8.4 立面要素的变化

在赣北、鄂东、十堰三个地区传统民居的立面要素中,山墙都是重点处理的部分。民居外墙面坚实而单调,唯一可以发生变化的就是山墙的处理。山墙因防火功能的要求而必须高出房架,使之在火灾时能有效隔断火路,防止火势蔓延,因此山墙的作用其实是一道封火墙。当时的条件有限,以黏土砖墙作为防火墙已经是最好的建筑手段了。240 毫米的砖砌体作为承重的防火墙,其耐火极限可以达到 5.5 小时,而当时民居的外围护墙实际大部分都是非承重墙,所以其耐火极限可以提升到 8 小时。山墙作为户间的分隔,必须高出屋架。功能上的要求限制了建筑的形象,但它另一方面又给建筑艺术一个很好的创造条件与发挥机会。这样,经过艺术处理后,封火墙就成为民居一个很有鲜明个性的造型要素和建筑外观特征。

8.4.1 山墙形式的变化

赣北地区的山墙常见的有三种形式。

第一种是"人"字形,如果不做处理的话,就相当于硬山顶山墙在山面的投影,但是一般都会将端头做成微微上翘的形式。"人"字形山墙不会高出屋顶,所以基本不具备隔离火势的功能。

第二种是"一"字形,墙体的平面投影、正面投影都为规整的矩形,没有高低起伏的变化,不仅用于山墙面,也用于正立面。有的整栋建筑外墙都采用"一"字形墙环绕一周,形体就如同一块方正的印章。"一"字形墙虽然能够挡风防火,但形体坚实单调,砌筑时耗费材料。

第三种就是富有艺术气息的马头墙,既可与两坡屋面相协调,并且可以生化出千姿百态,大大丰富了建筑的轮廓线,给人以强烈的感染力。马头墙作一次跌落的称"三山式"(三花墙),两次跌落的称"五山式"(五花墙),甚至有多至七花墙者。跌落式马头墙在一个山墙面大多数是平衡对称的,但也有连接坡屋和有意识使正脊不居中而出现不对称的马头墙。江西的马头墙几乎都是平行阶梯式跌落的造型,而福建民居马头墙除此种造型外还有弓形、鞍形、云形等各种形式。阶梯式的马头墙每次起山宽高比基本是 2∶1,与江西民居屋顶四分半水至五分水的坡度相一致。尽管马头墙都是呈阶梯式跌落,但其阶梯比例和尺度也不是一成不变的。由于处理手法不同,给人以或高耸轩昂,或轻盈活泼,或庄严凝重,或小巧玲珑的印象。如果是多路多进的民居,这几种形式的马头墙可能同时出现,墀头是重点的装饰部位。

鄂东和十堰地区的山墙除上述形式外,还有一种拱形的山墙。拱形山墙分单一的弧形和滚龙形,即山墙的上端轮廓呈弧形,有的甚至是标准的半圆形。滚龙形山墙是湖北地区最具特点的山墙形式,蜿蜒形态的滚龙卧俯于山墙之上,同时垂脊多用数层小青瓦堆叠而成,有的多达五层。

8.4.2 马头墙位置的变化

在赣北,经常可以看到马头墙出现在正立面上(见图8-4)。因为马头墙高出檐口,所以需要在入口上方设雨篷,在高出部分的墙体上开小洞来排水。这种做法在鄂东地区已经非常少见,偶尔出现这样的样式也是受建筑平面形式的束缚。在鄂西北地区,仅在南漳板桥王氏民居、丹江浪河镇饶式第三庄园、竹溪县中峰观甘氏宗祠、竹溪县蒋家堰敖家宗祠看到马头墙出现在正立面上。与赣北地区不同的是,出现在此地区传统民居正立面的马头墙都是拱形,尚未见跌落式马头墙(见图8-5)。简单说来在十堰地区,亦有南北之分,竹溪竹山在汉水之南,而郧西郧县在汉水之北,毗邻河南、陕西。而甘氏、敖氏均从江西迁来,又定居于竹溪,所受北方影响自然较郧西郧县较少,所以在郧西郧县基本就没有见到建筑正立面出现马头墙的样式。

图8-4 赣北民居正立面马头墙

图 8-5 十堰民居正立面马头墙

第9章　鄂西北地区民居形态演变趋向

纵观近年来民居的发展可知,民居的演化在所处社会的经济、政治、技术等背景下,受所处时代技术水平的限制,以区域内居民的生活水平和生活需求为主导力量进行缓慢发展,并在一定时期内因国家政策变化和社会环境重大变化而发生转折、突变。

鄂西北地区民居的演化漫长且缓慢,各种影响因素作用慢且相较其他地区较为滞后,民居形式从满足生活基本需求至院落完整成熟历经数百年。然而近三十年来,鄂西北地区民居处于一个明显的变革期,政策的变化、国民经济的增长、旅游业的旺盛等多元因素交融,从不同的角度迅速影响着当地民居的演变,特别是政策和旅游业的发展几乎主导着民居的演变方向。其演变历程大致如下:

(1)第一阶段:政策主导民居演变。

1982年,《全国农村工作会议纪要》确定了联产承包责任制是社会主义集体经济的生产责任制,此后,个体经营等多种经济形式得到发展,居民经济水平、生活水平稳步提升。

1982年国务院发布了《村镇建房用地管理条例》(1986年废止),明确农村村民建房按实际使用面积进行登记,该条例的发布引起了农村宅基地申请、建设的热潮,大量宅基地获批,为民居从家族中多户共住向家庭独院居住转变提供了基础;1987年起实行的《中华人民共和国土地管理法》明确了各地应进行土地利用规划,宅基地按规划进行登记、调整,该法律的发布是以规划控制宅基地申请、审批的开端。

这一时期正逢全国经济改革大发展,家庭联产承包责任制、包产到户等政策的推行引发了广大群众发展经济的热情,而家庭财富的累积引起了人们对提高生活水平的迫切追求。同时,宅基地相关政策的执行引起了居民居住形式的大改变,原本以家族为一体的宅院共同居住形式逐步向家庭独院居住转变,大量独户居住的民居在原村镇的周边和主要道路沿线的宅基地上被兴建。

(2)第二阶段:推动乡村旅游,民居保护掀起热潮。

2010年国务院一号文件专门强调"要积极发展休闲农业、乡村旅游"。

2011年全国发展休闲农业与乡村旅游工作会议提出,要把乡村旅游作为国内旅游的基础工程来抓,把乡村旅游作为发展国内旅游的主战场,摆在突出位置,抓实抓好。

在国家政策的引导下,广大乡村逐渐重视乡风文明建设,乡村旅游带来的许多新信息、新理念,对农民素质和乡风民俗起到潜移默化的影响,乡镇通过开发和保护旅游资源,使广大农民有了比较强的环保意识,促进了当地文化资源的保护,传统民居作为农村重要的文化资源,得到了更多的关注,全国各地掀起了民居保护的浪潮。

(3)第三阶段:美丽乡村建设促民居转型。

作为我国新时期经济、社会与文化协调发展的一项重要战略决策,"建设美丽乡村"的战略部署,最初始于2005年的中共十六届五中全会。此后,党的十七大、党的十八大、党的十九大陆续将"推进生态文明"与"推进乡村振兴"融入"社会主义新农村建设"当中,逐渐融会成了建设生态、文明、宜居之"美丽乡村"的指导方针。

"美丽乡村"内涵要求"宜居宜业",即"美丽乡村"须具备完善的设施,具有明确的产业发展方向,能够为农民提供安居乐业的整体环境;另外,是"多向度的美丽",即精神文明与物质文明协同发展,人居环境与自然环境必须交互融合,这样才能构建生态优良、布局别致、特色鲜明的美丽新乡村。

美丽乡村不仅仅是村落面貌的问题,还是民居建筑的问题。在国家政策的大力扶持下,百姓生活水平有所提高,对于生活环境的需求也不断提高,首先就是对自家民居进行改造或者新建。村落的民居建筑不但关乎居住环境,更蕴含着传统民居建筑文化,充分将地域性文化与民居建筑相融合。民居建筑在进行改造或者新建时不应摒弃传统民居建筑文化。村落的美不只是外在美,更要向内在美发展。这里的发展除了指经济的发展,更是指文化的发展,那么对于传统民居建筑的改造或新建就应当遵循可持续性发展的理念。

(4)第四阶段:乡村振兴与"美丽乡愁"促民居发展。

党的十八大报告提出了"乡村振兴计划"与"生态文明建设"同步推进的具体战略部署和要求。在这一宏伟理念的指导下,建设能够"守护乡愁、留住乡愁、承载乡愁"的新时代新农村,逐渐成为美丽乡村建设的一项重要主题。

"乡愁"并不是真正的"愁",而是指群众对于乡里那份熟悉的自然、人文生活环境的深刻记忆和深切依恋。之所以会产生乡愁,正是因为故乡生活环境中包含着个体对于人与自然、人与人之间和谐相处这一生活方式的深刻文化记忆,也是乡里民俗文化这条"根脉"的体现形式。

因此,乡愁可以归纳为人对乡里和谐生活的文化寻根之记忆,代表了人与自然、与社会、与他人和谐共处的价值观念,堪称乡村的文化"基因"。因此,"乡愁"代表着一座乡村的文化个性,同时是一股能够有效鼓舞群众同心勠力建设美好家园的积极正能量。

传统村落中的民居,则正是"乡愁"的具体承载物。因为这些传统民居见证了先辈村民筚路蓝缕从自然中适度取材、建设宜居环境的艰辛历程,也见证了传统农耕时代先辈村民邻里亲爱和睦、守望相助的美好生活场景。因此,传统民居正是蕴含着悠悠乡愁的乡村文化根脉、基因的形象载体,能有效地提示并强化当代村民对于传统村落文化的情感认同,自然也能对当前的美丽乡村建设发挥出"固本强根、凝神聚气"的生动功效。在"美丽乡愁"理念的指导下,保护传统民居进而活学活用其建筑布局思想与形制、式样元素,就成了美丽乡村建设的必然举措,传统民居的保护逐步进入实操阶段。

9.1　近代鄂西北地区民居的演变

近三十年,是国家经济大发展的三十年,也是居民整体生活水平大跨步提高的三十年,在经济大发展的背景下,居民从以生存为基本需求的生活逐步演变到追求舒适、健康、便捷且有意义的高质量生活,经济与科技的高速发展使这样的追求在近三十年里有了实现的可能,并且在不断普及着,而民居作为居民生活构成的最基本要素之一,也正因这样的生活需求而在不断演变中。

受到不同时期国家政策的影响,鄂西北地区的某些代表性民居在历史发展进程中延续、变迁、包容,用另外的形式继续为社会服务。基于国家对于乡村振兴的大力推动和旅游业的深度发展,鄂西北地区传统民居所在的区域充分利用其自然资源优势,从以农耕为主的经济模式逐步转向以旅游业为主,生态、文化等多元产业共同发展的模式,居民的生活水平因经济、科技的飞速发展而不断改善,又因对外开放的旅游业的蓬勃发展而吸引了大量外来游客,在变化历程中逐步演化。

9.1.1　整体性演变

鄂西北地区近代建筑形态的演变具有整体性特征。这种演变不只是某些建筑、某一类建筑或某一个地域的建筑,而是一种整体性的演变。

过去中国传统"人丁兴旺"的家庭观念造就了一些巨姓联合家庭。比如《周书·辛威传》记载,北周辛威"五世同居,家有二十二房,一百九十八口"。

而在鄂西北地区南漳板桥镇冯氏民居中规模最大的冯哲夫故居有房达 105 间,而冯家湾民居建筑有两栋共有房间 62 间。一栋民居建筑是一种建筑单位,通常由若干平面单元通过纵向串联、横向并联组合的方式构成。这样的深宅大院正适合这类大家族居住。而这些建筑并不一定是同一个时期所建的,而是随着家族人口增加而逐渐加建、扩建而成的。因而,家族成员越来越多,建筑的规模就会越来越大。

民国时期,随着社会体制的变革,封建宗法体制逐渐瓦解,乡村家庭也出现了较大的变化趋势,联合家庭也随之解体,核心家庭和主干家庭逐渐占有主导地位。因此,出现了当数个家庭共居于一栋深宅大院的民居内时,各自家庭独自生活所需的空间要求使得民居的平面、空间的占有方式发生变化的情形。不同家庭对民居总体平面和空间的分割可以有很多方式,可以沿纵向、横向或围绕院落占据不同的三合天井或四合天井单元,在分隔中保持天井的完整性;也可以按中轴线将天井单元分成左右两半使用。由于结构复杂、规模庞大的大家族向结构简单、规模较小的核心家庭转变,因此新建民宅的规模变小。

随着战争的爆发,大家族的那种生活方式也未能再延续下去,原有的那种地主与佃户的关系彻底瓦解,大家族中的成员也要开始投入生产的第一线,建筑中出现农具和农产品的储藏空间。同时,人们的生活方式演变还表现在生活节奏逐渐变快,对于建筑的建造工期要求缩短和生产效率提高,对于手工艺水平就相对降低,建筑中的繁复装饰就被舍弃掉了。

新建筑技术及材料的发展以及人们外出打工带回来各地的不同风格的建筑样式,让鄂西北地区的乡村民居建设走向杂糅的境地,建筑逐渐失去了本地的风格。

9.1.2　由封闭形态走向开放形态

鄂西北地区建筑形态的演变具有从封闭形态走向开放形态的特征,在空间和物质要素上都有明显的特点。

古代州府县城的内部格局在不同时期有不同的管理办法。在隋唐时期,是实行坊市制的。城内(在有子城的城里是罗城)被纵横交错的街道分割成整齐的方块,其中居民居住的地区被称为“坊”,店铺集中的地区被称作“市”,坊市是分开的。随着城市人口的增长,商业日益繁盛和店铺的不断增加,到北宋时期,坊市之间的藩篱逐渐被打破,各行各业在城市各区自由经营,店铺可以设在朝向街道的地方,人家都朝着大街开门启户,坊市制度完全崩溃。宋代城市的发展不限于城内坊市格局的打破,还表现为打破了城郭的限制,贴近城墙的州县城郭一带,也准许居住,并允许开设各种作坊店铺,从而形成了新的商业市区。这类新市区,商业繁盛,有的地方远远超过了城内市区。如南宋宁宗时,汉阳军"两县乡村共二万户""军城内外户口不下三千家,又有船居四百只",其中"郭内之民仅千家""郭外沿江之民近二千家",城下户口几乎是城内户口的两倍。这种情形,大约在不同时期不同州府有很大的差异。汉阳军在南宋时相对而言是处于后方,城下户口众多是可以理解的,处于前沿的襄阳府、随州、德安府、荆门军以及均、房、金、洋等州就不大可能有这样多的郭下户口,或者竟完全没有郭下户口。更多文献只是形容城内拥挤不堪,但并不见城下有民户居住的记载。因此,南宋虽然是城市形态剧烈演变的时期,但是表现出强烈的地区不平衡性。在江南地区城市的发展普遍冲破城郭限制的同时,鄂西北的十堰地区还因为地区经济不够发达以及地处前线的缘故,远未能越过城墙的界线。换言之,明代以前,十堰地区的"市"与"民"主要还是局限于城墙内的,只有少部分城市越过城墙发展了城下的新市区。明清随着人口的大量增加,农业生产得到恢复,商品贸易得以发展,十堰地区的城镇才真正突破了城墙的界限,实现了从封闭到开放的转变。

建筑的空间形态代表了建筑最本质的变化,其转变从一个重要的方面折射和传递出鄂西北地区建筑形态的转变。鄂西北地区传统民居建筑以"天井院"的封闭空间模式为主,纵向串联成多进,或者横向扩张,属于内向开放、外向封闭型的格局。随着时代的发展,建筑类型逐渐丰富和建筑功能逐渐多样化,天井式的弊端逐渐显露出来,讲求功能效率的简单式布局方式逐渐增多,出现了入口空间、阳台等附属空间,这样的空间形态具有外向开放的特点,更加有利于功能使用和通风采光等新时代的生活要求。

传统民居外墙上少开窗或不开窗,靠天井组织采光通风,近代建筑则以功能使用为首位。建筑立面向外部打开,建筑不再是高耸的院墙,而是通过阳台、老虎窗等构筑物增强了室内外的连通;开窗面积根据功能适当增大,并注重建筑与外部保持良好的联系,这些细节上的变化都展示了鄂西北地区近代建筑开放的形态特征。

建筑结构以及构造方式的革新也为由封闭到开放的形态变化提供了可能。建筑不再拘泥于传统木构架的限制,出现了新的建筑结构和更多样的建筑材料,使得屋顶部分与墙身结构分离,为形态的开放提供更多可能。

9.1.3　由单一向多元转变

鄂西北地区近代建筑形态的演变总体呈现由单一走向多元的演变特征。

新建筑样式在流行之前,建筑总体仍是类似的以四合院为空间原型的建筑,建筑造型相对比较单一。随着新时期与外界对外开放交流的加强,新的建筑样式开始出现,随着不同时期对外交流的变化,出现了多样的风格类型,比如现代简约型风格的建筑等。这种变化与同时期经济技术背景有着密切的联系。

建筑结构和技术的发展为多元化的建筑形态提供了可能,同时鄂西北地区近代建筑多元形态的重要原因是设计理念的变化。近代建筑不再是按照封建礼制和空间模式设计建筑空间,而是通过对功能的合理安排和使用的最有利性来创造建筑空间造型和空间结构的;不再是传统建筑以结构性为建筑造型的手法,而是通过立面比例关系和构图划分、装饰要素等手段的综合运用塑造风格造型各异的建筑立面。而设计师的出现使建筑建造从一种懵懂的无意识状态发展为一种有意识的、理性、科学性和多元化的活动;施工和技术的进步以及建筑相关机构的出现,都使得建筑设计越来越重要,为建筑形态的多元化提供了可能。

9.1.4 由家族性转变为社会性

明清时期鄂西北地区的传统村落呈现聚集型向散居型变化、民居之间并不相连。实行散居需要外在的客观条件,如果封建当局者政治清明,社会安定,没有流寇盗匪的侵扰,百姓不用为生命财产的安全担忧,那么散居的客观条件就基本具备了。居住形态的选择与当地的人口构成、迁移方式、居住习惯等联系密切。移民聚集的区域,散居就相对普遍。有文献已明确指出:"客民""棚民"是采取散居形式的主要人口。反之,如果移民较少而土著较多,主导性的居住形态则是聚居。至于迁移方式对居住方式的影响也不是绝对的,即家族结伴迁徙不一定会选择聚居的方式,单个移民家庭和单体移民也不一定会采取散居的方式。前者相对后者而言,依赖性较强,灵活性较弱。

从近代来看,社会近代化的实质可以说是资本主义化,从政治的层面上看是体制的变革,讲求政治的民主化和法治化;从经济的层面看是资本主义经济的发展,注重工业化和商品化;从思想意识的层面看是思想的解放,强调思想的科学化和自由化。

社会发展是与近代建筑的演变保持紧密的同步关系的,建筑的近代化也是必然的趋势。与传统民居相比,鄂西北地区近代建筑与外界的关系更加密切了,不再以封闭的家族为模式单元,而是趋向于个体化,没有了内向的家族的依靠和庇护,个体化的属性就具有了更多的外向的社会化的属性,表现出与社会紧密联系的关系;建筑的类型大大丰富了,开放的建筑形态更具社会属性,不再拘泥于三合院的变体而是以功能为出发点进行空间组织;造型讲求设计更加多元,拥有不同社会属性的建筑造型有不同的设计方法,各种不同建筑风格的杂糅创造出多种多样的建筑造型;建筑结构也更加自由灵活,突破传统木构架建筑,已经出现现代式建筑的模样,为建筑的社会性和公共性提供了可能;建筑也由个人和工匠独立意识的建造发展为设计师、营造所共同建造。

9.2 建筑形态的演变路径

9.2.1 鄂西北近代建筑发展的趋势

侯幼彬先生在《中国近代建筑的发展主题:现代转型》中认为,近代中国的建筑转型,基本上沿着两个途径发展:一是外来移植,即输入、引进国外同类型建筑;二是本土演进,即在传统旧有类型的基础上改造、演变。鄂西北地区近代建筑演变的路径与中国近代建筑发展的主线基本保持一致,总体呈现突变到渐变再到转型的特点。

首先,鄂西北地区近代建筑发展与其他地区的建筑一样,是被动地在外来的建筑文化的冲击与推动之下展开的,是一种入侵式的文化传播,呈现突变的特点。随着改革开放热潮的掀起,大量外出务工人员学到了外界新的知识和新的事物,包括对新建筑的认知。新的建筑类型、建造方式和风格样式出现了,直接刺激了传统文化和传统的建筑形式。这些承载新时期社会文化的建筑,以一种突然入侵的状态对一直延续传统空间格局的鄂西北地区来说,无疑可以看作是一种突变,并没有与原来的建筑发生过多的联系,是一种全新的形式。

其次,中国传统建筑的建造方式和风格样式的本土发展和变异,以及在此基础之上的本土与外部建筑文化的融合与发展是鄂西北地区近代建筑发展的主体路径。这是文化矛盾性的集中呈现,也是鄂西北建筑最典型、最常见的建筑演变路径出现渐变的特点。

事物的发展和演变是从低级到高级、从简单到复杂的过程,其中即使有着突变和反复,但总体趋势还是向前发展的。鄂西北近代建筑发展过程总体表现出一种强烈的渐变特征,这种渐变是由表及里、由外而内的。建筑类型逐渐扩散,空间形态陆续转换,建筑造型缓慢变革,这些表象都是在突变的刺激下形成的一种动态的渐变发展过程。特别是在传统建筑形态及思维意识根深蒂固的情况下,总体过程的渐变就成为一种必然,在这个过程中,各种文化之间是交替存在、共同发展的。

现代初期,随着农民经济条件的进一步好转,人们对居住功能要求的进一步提高,现代式建筑初露端倪并形成建筑发展的大方向。随着建筑建造材料结构的发展和技术的进步,受强调功能性和实用性以及追求造型简洁的现代主义建筑思潮的影响,建筑的样式呈现新的变化,单层式建筑向多层式建筑转化。

9.2.2 "非典型性"的"本土化演进"方式

鄂西北地区近代建筑形态的演变路径呈现出"非典型性"的"本土化演进"方式,即以中国传统建筑造型元素与建造技术要素为根基的"外化"表现,以及一种"不彻底"的现代转型方式。

本土化的演进是一个过程而不是目的,是事物为适应当前所处环境而做的一系列变化。本土化并非狭义的地域化或故步自封的发展,而是一种"洋为中用"的、有文化选择性的举动。一方面是外地建筑文化侵入鄂西北,为适应当地环境以方便其发展而采取的折中手段;另一方面是当地人学习借鉴外地的建筑样式,发挥主观能动性,在传统建筑上加外地建筑元素,模仿外地的建筑空间设计和造型而进行建造的折中手段,并且后者在缓慢传承的同时,吸收不同的外地侵入的杂糅建筑元素进而衍生出一种新的建筑形式。这样的变化充分体现了外地与本地文化的融合,犹如过去移民入侵一样,它们并未能从材料、技术、结构的根本上完全摆脱传统建筑的痕迹,而是一种将外地建筑样式本土化的折中手段,有着显著的本土化特征。

正是本土化的局限性因素和非典型性特征,使得鄂西北地区近代建筑在表现出开放性、多元化、现代化趋势的同时,还显露出一种杂糅内外、平实质朴、讲求实用的特点。这也正是鄂西北地区所处地理位置的反映,即位于南北交汇处具有开放、包容、温和、内敛的地域特征。

9.3 建筑形态演变的动因

新时期,建筑的发展优势以交通区位条件为转移。鄂西北地区建筑的演变动因可以说是综合而复杂的,在不同的历史阶段又有所不同。

9.3.1　内部动因

9.3.1.1　乡村经济走向萧条

在多重因素作用下,近代鄂西北乡村经济逐步走向衰落。具体来说有以下两点:

第一,清代前期人口增长过快,对于自然的过度垦殖使得生态环境遭受破坏,引起自然灾害频发。

第二,连年的战乱和社会的动荡也是造成鄂西北地区乡村经济走向衰落的因素之一。

9.3.1.2　宗法组织走向衰落

外国资本主义的入侵,以及近代工商业的兴起,使得鄂西北农村自然经济受到一定程度的破坏,加上土地兼并日趋严重,许多失去土地的农民为了生存,不得不流向工矿地区和工商业较为发达的城镇,因此给乡村宗法组织得以存在的两个基础即血缘关系和自然经济带来一定的冲击。比如 1905 年科举制度的废除,乡间士绅失去了科举正途以安身立命的途径。而随后的辛亥革命、五四运动、新文化运动、新民主主义革命及大革命时期农民运动等各种革命运动,进一步打击了乡村士绅阶层,极大地撼动了民间的宗法制度。因此,该时期大量乡绅开始聚居城镇,并积极参与近代工商业、新式教育和其他公共事务以谋求新的发展。这种乡村社会精英——士绅向城市的流动,不仅仅带走了相当的资金,使乡村公益建设走向凋敝,更重要的是造成了乡村文化的衰败。

9.3.1.3　人的心理、思想意识及行为的转变

人与客观事物和环境有着相互作用的关系,人们根据文化传统、生活经验和习俗习惯建造房屋,房屋的空间和造型也直接反映了人的行为活动和心理需要。一方面,人对客观事物有一个接受、学习的过程,进而形成一种模式或行为方式,同时人发挥主观能动性改造客观环境,进而影响到生活方式、行为方式的改变。人的主观能动性包括心理、行为及思想意识的转变等方面。建筑形态只有满足了社会文化心理的普遍性,才能进一步纳入社会的认知体系,进而形成一种风格。

近代中国是一个思想变革的时期,清末"经世致用"思潮的兴起和"西学东渐"的思潮逐渐打开了中国人的视野和思想领域。自清末洋务运动开始,"中体西用"的思维模式成为时代的潮流,使国人走出了故步自封的"大国中心论",人们的思想也逐渐解放。随着变革的深入,变法与革命陆续展开,在

这一系列政治风云变化的背后,人们的心理、思想意识也都随之改变,这种改变反映在建筑建造方面,表现为建筑包容性、开放性和折中性的形态变化。

鄂西北地区近代建筑从传统走向现代,经历了一个漫长的文化融合过程,这一过程充分表现出在这种客观规律和社会现象变化中,人的主观能动性对建筑的发展起着促进或者阻碍的作用。随着西方文化的进入,中西文化的冲撞和相互融合,人的心理也随之发生变化,总体表现出一种由封闭到开放的文化心理。

近代社会的人必然具有社会特征,原来以家庭为社会组成要素的组织模式较为单一,生产结构也相对单一,近代时期,随着各种社会生活的丰富和生产活动的扩大,农村人们逐渐走向城市,成为城市的组成部分。传统村落或者传统民居中的人本身也从"家庭人"变成"社会人",个人代替家庭和家族成了社会的基本单位,他们更多地参与社会公共活动、经济活动,具有近代开放性和多元性的特征。这种人的近代化特征和需求直接体现在建筑方面,造就了近代时期鄂西北地区建筑类型丰富、风格多样,建造活动活跃等现象。

9.3.2 外部动因

9.3.2.1 文化的冲击和融合

本土文化形态的多元化和包容性为鄂西北地区建筑的产生和转型提供可能。鄂西北地区文化属于楚文化体系,蕴含着楚文化的精髓,传承着楚文化的脉络。总体来说,鄂西北地区的地方文化形态是以楚文化为主体的、包容南北、兼收并蓄的开放型文化。从地理上来看,鄂西北地区枕山襟江,水陆相连,地处南北过渡的地理位置,商贸往来频繁,使鄂西北地区具有较强的包容性和多元性,这也反映在了建筑上。如传统的鄂西北地区建筑既有北方建筑的豪放,又有南方建筑的柔美。这种开放包容的文化胸怀,为鄂西北地区近代建筑外向性和多样性的转变提供了可能。

9.3.2.2 土地体制因素

在农业社会中,土地对于村民来说是最基本的生存资源。居民个人地位和权利的基础均表现为对土地的不同占有程度。中国传统社会曾有过一些特殊的土地制度,对建筑的规模、形态、格局都有着不同程度的影响。如较早的井田制,对宅与田密切关联的限定,以及西汉以来的庄田制的出现,带来了自由买卖和土地兼并的现象。随着土地越来越集中,大片的土地归属于一个地主,从而可能形成了颇具规模的庄园型大院建筑。族田制是血缘聚落组织的经济保障。在中国传统的血缘型聚落,大的家族通常会拥有一些公共田产,成为族田。族田来源于族人捐献或是无后代继承人的田产的充公，或是家族共同购置的田地。这些田地的收入主要用于家族的管理和祭祀活动等族内公共事务。族田制有利于强化家族凝聚力。比如南漳板桥镇冯氏家族就是在庄田制的土地制度下，兼并大量土地，逐步建筑起大量的规模较大的建筑群，如冯哲夫故居、冯家湾民居等。而族田制让冯氏子孙多聚居一起形成一个血缘型聚落，其房屋也多在同一个村落中。

民国以后，土地制度在战争中不断变化，乡村农民在土地上有了自己的所属权。对于民居建筑影响较大的是宅基地制度。宅基地制度是按户分配的政策，无偿使用宅基地，但是必须有政府的划分和许可。这一系列的土地政策，直接影响到民居建筑的选址和建筑规模。人们对选址的考虑也因此越来越少，建筑规模基本以自家人口来确定。

土地制度的变迁，直接影响到人们对土地的占有和支配，决定了民居建筑的选址自由性和宅基地的大小。

9.3.2.3 人口的变迁

人口变迁主要指人口数量、质量、构成及人口流动和分布的变化。导致人口变迁的因素有许多，如战争、自然灾害、瘟疫、自发或有组织的人口迁徙。而人口迁徙是影响人口变迁最直接、最明显的因素。人口的迁移必然可以促进文化的传播与整合，对于营建技术交流以及建筑观念的变化具有促进作用。

鄂西北境内山多面积大，明清之前人口密度小。史料记载:鄂西北山区，老林密集、人烟稀少，而物产丰富，无疑为流民集结提供了一个理想的场所。在明代中期就已经有大量的流民涌入鄂西北山区，比如南漳县板桥镇刘家《刘氏族谱》中:"有明末造，中原扰乱""兵火遍地""复访求深山"。又如严如煜记载流民进入川陕楚交边山区的情况道:"流民之进入山者，北则取道西安凤翔，东取道商州、郧阳，西南则取道重庆、夔府、宜昌，扶老携幼，千百为群，到处络绎不绝。"在《冯氏族谱》中就记载家族来自于陕西凤翔。根据有关资料记载，在清代中前期鄂西北地区共移民 76 万余人。魏源在《湖广水利论》中也有这样的描述:"当明之季世，张贼屠蜀，民殆尽;楚次之，而江西少受其害。事定之后，江西人入楚，楚人入蜀。故当时有'江西填湖广，湖广填四川'之谣。"人口密度逐渐增大，到清光绪三十四年(1908 年)每平方千米为 85.1 人。

民国时期，由于战火连连，天灾人祸，人口密度有所下降。民国三十六年(1947 年)每平方千米为 74.1 人。中华人民共和国成立初期，人口密度开始逐渐增大，1949 年，南漳县人口密度为每平方千米 80.8 人。板桥镇位于南漳县西南山区，人口密度更小。

人口的变迁对建筑的影响主要表现在:人口数量增长,必然会引起聚落规模、密度的加大,人均耕地的减少;人口迁移带来了不同的建筑文化和营造技术,而且建筑的规模和形式也是随着人口迁移开始变化的,如严如煜所言:"遇有乡贯便寄住,写地开垦,伐木支椽,上复茅草,仅蔽风雨。皆杂粮数石作种,数年有收,典当地,方渐次筑土屋数板,否则仍徙他处。"明代流民的涌入,给鄂西北地区开发带来动力,开发程度的提高使大量商人进入鄂西北地区,形成了频繁的人口流动。这些商业活动不仅促进了商业繁荣,也增加了彼此间的物质交流,从一定程度上促进了当地经济的发展,而且带来了频繁的文化交流。

9.3.2.4　交通的兴起

与古代交通工具主要依靠人力、畜力不同,近代交通工具则主要依赖蒸汽、火力、电力等的驱动,因此与之相适应的铁路、公路或新航路等的修筑或开辟成为近代交通兴起的重要标志。虽然最初鄂西北地区广大农村依靠人力和畜力的马车、肩舆等交通方式在相当长时期内仍在继续广泛使用,但从总的发展趋势来看,外来交通环境的变化给村落带来的影响是不可忽视的,其中最为直接的便是处于古代驿道、盐道沿线的村落和农村集市逐渐走向沉寂,商道和聚落转变为向公路、铁路沿线发展,民居的建造也逐渐出现区域性转移。

9.3.2.5　城乡社会经济差异

在传统社会,城市的行政功能和文化功能大于经济功能,随着近代工商业的兴起以及外贸经济的发展,城市的经济功能日益凸显。虽然中国一直是个农业国家,绝大多数居民生活在农村,但在整个王朝时期已有城市,尤其是过去一千年中城市很多,规模也大。尤其是19世纪中叶以来近代交通运输业和商业的扩展以及19世纪末以来近代工业的扩展,为城市发展提供了非同一般的刺激。

由此城乡之间在社会、经济、文化等领域的差别逐渐扩大。具体表现为以下三点:第一,城市近代工业由于在劳动生产率上的绝对优势,因此开始取代大部分乡村家庭手工业,乡村自然经济逐步解体,"城市工业、乡村农业"的产业格局逐步形成;第二,城市生活开始向现代化方向发展,出现了社会性的生活服务设施,如铁路、码头、供电、供水、医院、现代教育、新式书店、影剧院等,这些设施向人们展示了前所未有的物质文明;第三,由于西方工业文明的侵入,中国传统文化第一次受到强烈的冲击,传统的规范、知识、信仰等在城市首先动摇,"西学东用""中西合用"等新的价值观在城市中逐步形成,文化上现代与传统的差异在城乡之间已经表现出来。

9.4　当代背景下传统民居的延续

——南漳县板桥镇冯氏民居

9.4.1　地理背景

冯氏民居位于湖北省襄阳市南漳县板桥镇冯家湾村,地处鄂西北荆山山脉的崇山峻岭之中,坐落于藏风聚气的群山谷底,周围群山环抱,拥有冯氏民居、王氏民居、鞠氏民居等景点和薅草锣鼓等非物质文化遗产项目,既融合了南方传统建筑的秀丽和北方民居的厚重,又带有浓郁的乡土气息,形成了特色鲜明的荆山地区民居风格,被誉为"古民居之乡""文化之乡"。2016年12月9日,冯家湾村被公布为第四批中国传统村落。但因其所处地理位置较偏,旅游业开发较晚、发展较慢,受井喷式旅游业影响也较少,因此得以保留较多传统民居演变痕迹,同时,因近年来商业资本加大了对该地区的旅游投资力度,冯家湾村正成为传统民居与现代资本、技术、文化进行冲突与融合及演变的试验场。

冯氏民居始建于明崇祯元年(1628年),并在日后的发展中不断扩建,现成为冯氏民居群中最大规模的天井合院式建筑,占地面积8 190平方米,建筑面积3 500平方米。冯哲夫民居现为板桥镇新集村所辖。建筑选址在一弯月形山脚中部,南北高山绵延,山势较陡,灌木丛生。建筑占地规模较大,形成三路两进、"明三暗六"的九个天井合院式建筑。

9.4.2　民居内居民的变迁

(1)明崇祯元年(1628年),冯氏民居由冯氏第九代子孙(冯文经、冯文远)开始建造,后传至冯哲夫,其间经过三次扩建形成了现在的规模。

(2)1950年冬,土地改革政策规定,没收地主五大财产,冯姓子孙被逐出原有房屋,冯氏民居被分配给后来的居住者。以"逢堂直出"为原则,即以建筑正堂中线把二层楼房划分成左右两半,再把两进院落划分成前后两个部分。把正堂、前堂、厢房均分给若干户人家。

虽然分出来居住,但是家族成员还是生活在相邻的区域,保持着密切的联系。因此,封建传统社会的几世同堂的大家庭已经少之又少了。家庭结构的变化对空间的精神要求也随之变化,建筑的空间划分已不似封建社会那么严格。尤其是一系列的"打土豪,分田,分房"的土地改革活动,而原有的建筑空间也被重新划分。但是不同姓氏家庭共同生活在一栋建筑中,共享天井、大门等公共空间,生活和睦、互相帮助犹如一个大家族。

(3)1970年以后,当地不少居民搬进冯氏民居内部,因为年久失修,民居破损十分严重。

(4)2019年经省文物局批准,其内居民搬迁,南漳县政府正式对冯氏民居进行大修。

(5)2020年,其作为公共文化建筑对外开放。

9.4.3 民居的变迁

百年前的民居兴建时宅主社会地位较高且经济富裕,兴建时建筑布局规整,符合当时标准院落形式,细节部分非常讲究,做工精致,历经百年兴衰后,尚可见其遗留风采,然而随着历史变迁,特别是近三十年来社会的飞速发展,社会环境、经济环境、居民意识、生活习惯等都发生了巨大的变化,老宅中也在发生变化。

9.4.3.1 功能演变

冯氏老宅原本的功能布局较为典型,一层部分堂屋为公共客厅,作为礼仪空间,一些重要节日或举行特殊活动(宴请、做会)时为最重要的场所;次间一般做卧室用;耳房除具备垂直交通功能外,其余部分一般做仓储用;两侧厢房间为次要待客间和次卧室,空余时也做仓储用(农产品等);入口门厅两侧亦时常用于客房或者储藏工具、农具或临时存储农作物等;天井部分则是家庭主要室外活动(做家务、农忙时部分农活、日常休闲等)的场所。

在前期长时间的使用过程中,因家庭成员众多,且受长期生活习惯、社会环境、经济条件等因素的影响,老宅的空间布局很少发生变化。

1970年至2007年间,由于老宅年久失修,在外部形象基本不变的前提下,居住者对内部的厢房进行改造,成为厨房空间,第一进院落也加建了一部分建筑。

9.4.3.2 建造工艺演变

在很长的时间里,村落中私家住宅的兴建多以本地人为主,每个村镇中都少不了有几批工匠,他们分工合作,互相合作完成一座座住宅的建设。以前的工匠以石匠、泥水匠、木匠三大类为主,石匠最开始是将山中采集的石材运回,然后使用凿、斧等工具从粗到细,逐步打磨成型。一般来说,建筑中的石基础、石板、压沿石、台阶等部分都是由石匠完成的,此外他们还被委托进行石墓(按当地的习惯,年长者在六十岁左右为自己建好石墓碑)的制作。随着经济的发展、技术的进步,近些年,石材厂使用机械、高压水刀等工具能够精确完成石材的加工,各类标准规格的石材产品以低廉的价格批量上市,当然这些工厂也提供各种精确定制,至此,石匠的大部分工作被工厂所取代,除少部分直接被工厂雇佣外,村镇内私人接活的石匠日益减少,趋于消失。泥水匠的主要工作是砌筑,目前各类新、改建工程中仍是必不可少的,这类人员在砖混结构逐步普及后也增加了混凝土结构施工等内容,涉及的施工工艺逐步复杂多样。木匠在以土木、砖木结构为主的时期涉及工作内容较多,从梁、柱、屋架等支撑结构部分,到楼板制作及安装、木隔墙制作、门窗雕刻制作等都出自木匠之手。在逐步限制到禁止随意砍伐木材后,木材价格直线上升,木结构的使用在民居建筑中也逐步减少,同时随着木材机械化加工的发展,价格低廉的工业化产品(木地板、木门窗、木雕)在大量民居中逐步取代耗时长、工艺要求高、价格高的手工制品,因而木匠也因市场的需求而逐步分级演化。如今,木匠大多已不再进行梁、柱、门、窗等构件的雕刻制作,而将重点转向装饰行业,主要进行室内隔断、吊顶等部分的木艺加工制作。因此,在民居修缮过程中,建造材料和修缮时间都呈现较大的变化。

9.4.3.3　营生方式演变

　　20世纪80年代开始的经济改革为人民的生活带来了巨大的活力,家庭联产承包责任制的实行充分释放了农耕经济的活力,改革开放的持续深入给经济的多元化提供了强有力的保障,在近些年的经济快速发展中,许多行业不断衍生、变革、发展甚至消失,于农村居民而言,在家庭联产承包责任制的全面推行后,很多居民在务农的同时也开始了许多小经营,近山的区域于山中找到了石材、木材、果林等商机,成为很多人的谋生手段,还有许多地方的特产通过商业贸易逐步向外扩展,当然还有各种日常商品交易等,这些营生形式与务农结合成为广大农村居民的营生方式。然而随着经济发展逐渐显现的环境问题也逐步得到国家重视,一系列关于森林管理政策制度开始推行,那些取于自然、危害自然的行业逐步被取缔、规范,同时因城市区域人口、资源、政策优势集中,经过长时间的发展后明显的经济发展不平衡开始显现,农村地区以务农为主的经济收入相较城市的工业化和新兴行业而言更是日益微薄,基础设施、生产生活、医疗资源等的差距更是加剧了农村大量青年人口流入城市,原本村镇的合理居民结构逐步被老年人与儿童的组合所取代,人员的流失又带来了经济的衰退,一种类似的恶性循环加剧了对农村经济的限制。

　　近年来国家推行的乡村振兴政策及对传统文化的重视,特色经济成为许多村镇经济复苏的起始点,当地的特色景观、历史、文化、工艺、气候、农产品等逐步被挖掘,而科技的发展、网络平台的繁荣也为特色经济发展提供了强力保障,特色小镇、特色产业吸引了外来人员、资本的加入,也逐步改变了当地以务农为主的传统经济形式。例如冯家湾村已经逐步发展为农旅结合的社会主义新乡村。在美丽乡村建设的大背景下,传统村落及传统民居发展有了新的契机和新的活力。

9.4.4　新居民手中的民居演变

鄂西北地区由民居改建的民宿、手工作坊等商业场所并不少见,特别是临近旅游热门景点的区域,这样的店铺一般与雅致、宁静、悠闲、文艺、慢生活、自然环保、亲身体验等主题相关,是高压工作、生活压力的反面,是洗涤心灵、健康生活的场所,是人间的世外桃源,十堰浪河镇的饶氏庄园改建成民宿之后,用一种全新的形式服务于社会。

纯净内心的区域一般位于优美的环境中,经过精心的设计布置形成宁静、雅致的禅意空间,大多还会留有空白的区域去展现一种脱离繁华商业、高效率和产业化的空间。同时,一个享有宜居环境的世外桃源,可将美景、慢文化、地域特色凝聚在一起,形成逃离日常生活的舒适港湾,这样的环境向游人提供有别于日常生活的一种体验,深受游人的喜爱。在经过多年的发展、多方的宣传,这种由外地人迁入鄂西北地区后逐步形成的生活、商业形式在不断地扩大它的影响力,将当地的生活与商业活动逐步模糊化,以供游人体验异域风情,然而若细究这些场所中的人与生活,则早已与当地居民相关甚少,已经是单纯的商业场所。

9.5　鄂西北地区民居形态演变推演

9.5.1　当代社会发展趋势

当今社会的发展日新月异,经济的稳步向上、科技的创新变革,无一不展现着我国崛起的大趋势。在这样的大好形势下生活,不难预见未来我国的经济、科技也将不断获得新的成就,人民生活水平将不断提升,我国在国际上的影响力也将逐步扩大,并与世界的联系越来越密切。在这样的大趋势下,就中国的建筑业而言,经济与技术的进步将快速提升居民对居住环境舒适度的要求。同时,未来科技的进步将不断破除技术对建筑的限制,并使建筑从业者接纳更多来自世界各地的元素而更注重对人的关怀,注重人与环境、文化等元素之间的关联性。总体来说,经济与技术的进步是中国未来发展的大趋势,也是地方和行业发展最坚实的驱动力。

就鄂西北地区而言,旅游业和新农业已经是促进传统村落发展的两大产业,随着"绿水青山就是金山银山"概念的推广,保护生态环境、清除污染农业等多重政策出台,生态环保、可持续的旅游及周边服务产业的重要性在不断提升,而且将越来越重要。区域内受鼓励、扶持的产业也将越来越倾向于高品质、高创新的旅游业,这必将引导当地朝着两个方向发展:一是保护好并合理开发自然旅游资源,这将引导当地的产业向生态发展,如鄂西北地区传统农业向生态无公害蔬菜产业的转型,其他地方也逐步推出了花卉种植园、水果采摘园等生态新行业;二是发展以高品质、创新为主的创意旅游产品,即规范旅游环境,提高基础设施服务,当然最重要的是挖掘当地特色人文元素,并结合多元文化创新性地开发旅游新产品,如从推出一个特色景点开始,到推出这个景点的特色产品,包括当地的特色产业和特色文创产品,最终推出一种当地的理想生活。

9.5.2 民居形态发展趋势推演

随着经济与科技的发展,未来民居在基础设施配备和居住舒适度要求等方面的发展将不断提升。伴随科技的进步,形式越来越多样、功能复合、生产工业化的建筑、装饰材料将在市场上不断推出并逐步普及,建筑施工工艺也将逐步趋于专业化、机械化。同时,因技术的进步将不断解除技术对建筑的限制,今后民居的发展将更侧重于对居住环境与居民之间关系的研究,也就是更注重居民生活、地域人文等因素在民居中的体现。

乡村旅游在逐渐兴盛的过程中,当地人和游客、旅居者便开始了对当地历史、环境、人文元素的挖掘。他们从了解、模仿开始,将当地民居中最吸引人的部分进行重现,再逐步尝试与当代技术进行融合,然后开始挖掘建筑外的人文因子融入民居。在这样的发展过程中,虽然也出现了各种各样的问题,但整体来说,这一发展趋势深受主流社会的喜爱。这样的成就鼓励了当地的居民,他们因自己的历史与文化而骄傲,也为所拥有的物质、文化遗产而自豪,同时,也欣喜于科技、经济进步带来的便利,外来多元文化的奇趣,因而尝试着取其精华进行融合,逐步形成民居向先驱旅游建筑业学习的趋势。当然,总体来说,不管是技术的进步也好,还是多元文化的融合也好,都是在保持当地特色的基础上进行的调整,地域性传统的延续和政策规划的制定都在限制和确保这一前提,至于调整的方向则可依据目前的发展趋势进行预估。

因为当前多种因素的交错融合呈现多样化的趋势,就其趋势而言可作如下分析:

(1)对地域元素的挖掘和展现。

当下,鄂西北遗存的民居中对传统元素的保留比较健全,但因历经混乱与新秩序的建立,除残留的古迹外,大多的延续其实是一个简化后又重建的过程。这个过程中更加注重对效率、实用性的发展,因而也有很多似乎跟不上现代化步伐的元素在这个过程中被逐步遗忘。近些年来,随着国家对传统文化的重视、对非物质文化遗产的保护的宣扬,各地很多被逐步"淘汰"的民居重新进入人们眼中。另外,随着"中国传统村落"评选活动的开展,一大批的学者、领域专家重新开始审视在快速发展下因工艺复杂、成本高昂、明显缺陷而被遗忘的民居的价值,他们深入其中进行体验、调研,找出这些民居中所凝练的智慧,并运用现代的知识、科技手段针对其缺陷进行改造,重新激活这些被淘汰的民居,这些研究促进了民居逐步成为当地人文历史资源的重要组成部分。

此外,对当地一些非物质文化遗产的挖掘也逐步将这些凝聚当地历史和人民智慧的传统手工艺术逐步展现在人们眼前,对其历史的追溯、对其发展的研究、对其未来寄托的希望都丰富了当地的人文元素。同时,依托民居建筑将这些内容进行展现,提供场所让人们去体验的模式也在逐步发展。建筑师利用当地的民居,结合这些文化遗产的特征,运用现代的展示空间设计手法和建筑材料(如玻璃和钢架,这两种材料以最小的干扰和结构的安全性提供了展示场所),营造一种将民居作为背景而侧重展现当地真实生活、文化的空间。这类民居不仅侧重展示当地的生活和文化,也更注重民居与周边环境的关联性,是一种对当地环境赞赏的成果,它将远处的美丽自然风光、近处私密空间中经过精练处理的人工环境引入民居,融合为一个整体。

(2)多元文化的交融。

伴随乡村旅游业的发展,不同地区的游客慕名而来已是不可阻挡的趋势,他们以当地民居为载体,体验或融入当地的生活,对当地形成商业化、外地化产生影响。为迎合游客的需求,当地的传统村落必须引入新的配套设施来满足游客到达之后的需求。另外,由于外来资本的注入,当地人甚至专门请来设计师进行民宿、客栈、餐厅等建筑的设计,这样间接促进了对当地的居住环境进行改变,逐步建成形式各异的新民居。

第 10 章　鄂西北地区传统村落及民居营建经验的现代传承

我国传统村落的营建经历了漫长的探索与实践,具有深厚的历史积淀,传统村落留存至今宛如史籍般记录着前人对居住空间的探索与创造,以及对理想生活的向往与追求,蕴涵着历代营建者对村落发展的深入思考与巧妙创新,至今仍以蓬勃的生命力散落在中国广袤的土地,承载着居民们于此安居乐业、生生不息。

然而,伴随着社会经济快速发展的那段时期,城乡建设以高效、简洁为原则经历了若干年的模式化发展。新的村落逐渐丧失文化特色与精神内涵,呈现出诸多发展问题。基于此,党和国家开始日益关注并重视对城乡历史文化遗产的保护与研究,发掘传统聚落空间的历史、科学与艺术价值,以促使现代城乡建设能够联结传统文化的根脉,建立具有中国特色的规划理论体系。

10.1　传统村落营建经验的现代传承价值与意义

10.1.1　文化保护层面

认知传统营建经验,其首要目的是能更好地保护重要的历史文化遗产,在物质与精神层面发掘与传承传统营建智慧并创造出新的价值。从传统村落的营建出发,其影响要素涉及自然环境、物质形态遗存及空间结构三个层面,具有不同的内涵与意义。

10.1.1.1　自然环境

自然环境是村落恒久稳定的外部关联坐标,相对于建筑空间而言,提供村落营建的景观与情感参照,承载人们对居住环境的形势优越、福泽绵长的追求与向往。保护村落自然环境即留存村落组织最基本的秩序与结构关系,反映出古人对山水资源的体察、认知与利用,体现着传统文化、思想、艺术的演变与发展,为现代村落结合自然资源构建有机的人居空间提供借鉴与启发。

10.1.1.2 物质形态遗存

物质遗存泛指村落空间中具有历史、艺术、科学等层面价值的遗址、古迹和建筑群,在传统村落的历史环境中是重要的组成部分。这些遗存由人类进行创造或与居住生活密切相关,凝结着特定区域内的文化共识与认同,是现代研究溯源历史空间与文化根脉的重要载体。保护村落物质遗存即传承村落文化精神的核心,提供传统村落在现代建设中深厚的人文结构基础,使之在新的营建技术下仍能够留存历史的原真状态,并以之为线索引导村落建设孕育出融古汇今的创新。空间结构即村落关联自然环境、组织与布局物质遗存的秩序关系,其如生物的骨骼经络,是村落作为有机“生命体”的标识与象征,作为前人对居住空间营建长期体察与思考的智慧凝结,传统村落的空间结构需要经历严谨的文献梳理与调研考察推导得出,是物质空间中潜在的价值遗存。保护村落空间结构即延续村落有机生长的脉络,以节点、基线、控制网接续村落新旧秩序,避免村落格局“体式”发展,为延续村落营建基因提供支撑。

10.1.1.3 空间结构

从村落中的人居生活出发,人们基于村落空间进行长期的人类活动,繁衍出无数文化与艺术的创造,并结合自然与历史特征构成地域内的典型文化与特色的集体精神。结合鄂西北地区而言,传统村落营建时恪守礼制,以宗族关系组织村落结构或依循理学思想推动村落发展,或在文化认知、空间体验与想象力的基础上,创造出璀璨的非物质文化。传统村落的精神文化或依托物质空间而发挥其价值或留存于人们心中成为无形的联结,具有重要的价值与意义,保护传统村落的精神文化即延续村落的生命力,使村落在无论何种形态的演化下,都能够展现出自身的色彩,在时代的变迁中历久弥新。

10.1.2 空间复兴层面

综合前面的研究以及对传统营建在文化保护层面的认知,可知传统村落在漫长的营建过程中都形成了深厚的积淀,留下了璀璨的瑰宝,且新时期以来党和国家对于文化的传承与建设日益重视,保护体系也日臻完善,在现代规划中形成一项重要的研究环节。然而在此思想与政策的推动下,传统文化空间仍然呈现出日渐式微的态势,村落中的遗存即使依照法规进行归档与保护,也依然呈现出一种隔绝的状态,依靠文字的记录与符号的标识,很难长久地继承与发扬,从而与村落文脉逐渐断裂,使现代村落即使拥有不可计数的文物保护单位,也面临着“无物可传”的尴尬境况。村落空间建设在没有依存的接续中,逐渐丧失了文化内涵或遭受不匹配的文化拼接,呈现出与新时期发展目标相矛盾的悖论。因此,深入研究传统村落空间,揭示基于本土营建传统的地域营建经验,对挖掘文化空间的内涵、探寻村落演进的规律、复兴村落遗存的空间具有重要的意义。对于城乡历史文化遗产的保护也只有深刻认知其内涵,才能够建立和应用适宜的保护策略,使其在日常生活中被潜移默化地继承发扬下去,延续村落的精神与记忆。在现代村落规划中,需要在保护的基础上复兴历史空间,通过尊重其内涵的创造与融合使之焕发出新的活力,在凝聚村落层面重新发挥作用,建设蕴涵文化秩序、富有景观特色、继承地域基因的现代村落空间。

10.1.3　特色彰显层面

传统村落从来不是受有限的环境影响形成的,而是注重对区域整体环境特质适应与融合的过程,与自然山水、历史人文及若干特色的营建主导因素具有密不可分的关联,它既是地域文化的载体,也是保障人类群体稳定生活的空间实体,地域特色体现在传统村落营建的方方面面。然而如今的村落建设在经济与科技的发展支持下,忽略了对地域特色的认知与文化传承,居住建筑的装配式建造与对奢靡风格审美的盲目追求,使空间地域性丧失,特色营建经验几近遗忘,村落建设呈现出边缘化、同质化的态势,造就了当下"千村一面"的窘境。在现代模式的侵蚀下,村落空间的传统秩序逐渐衰解、风貌特色消失,居民虽拥有便捷、优质的生存环境与设施条件,但缺乏文化认同感,难以拥有除生存外的空间体验,从而不能从中获取精神的充实与满足,严重脱离了传统实践,阻碍着村落的发展。因此,在传统村落营建的研究中,建立对地域环境的认知、挖掘村落山水人文特质及特色影响因素是空间研究的基础。结合村落环境认知梳理空间布局经验,才能够理解若干空间形成的内涵与意义,领悟村落的独特魅力。现代村落规划需通过深刻认知地域特色,传承与借鉴传统营建经验,以求在发展建设中创造出与自然、文化环境相融的人居空间,使人们在日常生活中获得认同、归属与幸福感,同时塑造出村落特色,成为激发地区活力的触媒组成。

10.1.4　社会凝聚层面

我国传统营建活动善于在空间中寄托与表达文化思想与精神理想,追求对人心的凝聚和对人的涵养,这种精神层面的表达往往与物质空间高度依存,形成村落独特的标识。传统村落通过塑造人文空间,实现对族群的道德育化;或通过营造景观空间,达到对"田园耕读"境界的追求,此类空间均结合了时代需求与人居理想,承载着人们的集体记忆与宗族精神,成为"人心所寄"之地。然而在快速城镇化的侵蚀下,村落社会的竞争力减弱,人口不断流失,失去发展的动力,诸多村落都走向了自然的衰颓,呈现出社会结构瓦解、空间凋零等现象。现代规划在关注村落营建时,也缺乏对核心价值的发掘与塑造,重在关注设施与环境改善,极大地弱化了人文功能,致使村落文化底蕴薄弱、社会交往淡漠,缺乏凝聚与向心力。

因此,传承传统村落营建经验,接续历史空间格局旺盛的生命力,需要结合现代生活中人的行为模式与新的社会组织方式,在规划实践中融入对人文精神的理解与艺术价值的思考,引导人们在空间中的行为与体验,促进公共活动与社会交往的发生,使村落能够凝聚人心、重塑结构、寄托理想,实现"以人为本"的规划传承与创新。

10.2　传统村落营建经验的现代传承策略

10.2.1　山水形制构建秩序网络

古人有言"郡邑、城市时有变更,山川形势终古不易",即指自然山水作为支撑村落格局的外部形势,经久而难以变迁,对村落营建具有稳定的影响关系。鄂西北地区自然形势多崇山密林,在境域内形成山地、丘陵及河流谷地三种环境类型,与村落空间主体构成"山环水绕""枕山面水"等关联结构,故经过数代规划实践形成了崇尚山水、因循山水动态营建的优秀传统。在择址环境的限制与乡村聚落的特征影响下,鄂西北地区山水村落格局与自然环境具有紧密的关联关系,因此关联山水形胜构建村落秩序网络、塑造村落山水空间格局是传承传统营建经验的关键措施。

在应用"山水形制"策略构建现代村落空间时应注重以下层面:

首先,应基于空间尺度识别与挖掘影响村落营建的山水要素及自然资源要素,确立其名称、与村落的位置关系及关联村落的要点,形成名录并整理归档,完成对周边资源的保护及对环境建设的管控。除已纳入村落格局考量的要素外,还应进一步发掘具有重要的价值潜力但仍未经体察与利用的山水形胜,为完善村落格局或接续村落发展提供基础。此过程蕴涵着营建者对于自然环境的选择、经营与改造,寄托着人们的理想与追求,更便于发掘潜在的环境要素。如理想的环境形胜应前有"水源",后倚"靠山",关注各地理位置时还应注重对整体的协同保护,才能构建村落有机协调的内外环境。

其次,需要注重在村落规划中发扬"山水形制"的规划传统。依循村落周边自然资源的发掘与梳理,基于顺应、融合、呼应的原则,确立村落基址、朝向及基本形态。在山水形胜的空间坐标体系下,建立村落轴线和空间组织的秩序基线, 并以此为参考设立门户、开辟道路、营建标识,强化关键空间体系与环境要素的对应关系,使村落格局基本具有空间形态呼应山水、标志建筑凝秀山水、路网骨架呼应山水,核心序列对山水的结构关系,形成以"汇通自然"为基本原则塑造村落空间秩序。

最后,在现代村落的更新、扩展规划中,注重对已有山水关联关系的继承、接续、复兴与强化,实现村落在内外、新旧两个层面的有机融合。第一,要对村落山水空间格局中的轴线、脉络、标志与景观体系进行系统的梳理,对于轴线尚且完整、脉络清晰的村落空间进行保留与保护,继承现有的空间秩序,并进行合理的接续创造,在新的发展区域延续完整的空间关系。第二,对于结构尚存但破坏严重的村落空间,结合历史研究与环境体察,关注已消失空间中不可或缺的关键节点进行保护与复兴,还原山水与村落最核心的呼应关系,并适宜地做出新的创造。更为重要的是,不能对原有的山水秩序简单地继承,还应融合现代思考,用新方式、新手段进行培育补充。

10.2.2　融合环境资源塑造布局形态

基于对鄂西北地区传统村落因循场地形势构建村落布局形态的营建经验认知,在规划现代村落空间时,也应注重顺应地形、发掘村址所处地势中的自然秩序,最大限度实现村落布局形态与环境资源的高度契合,建立与自然相辅相成的村落格局。

利用"因势赋形"策略构建现代村落空间时,首先,应对建立在场地中原有的村落空间遗存进行认知与保护,重点梳理村志文献的记载以确定主导村落边界划定、街巷结构、组织形态、节点布局的特殊地形,挖掘塑造村落基本形态构架的地势关系。如以鞍谷的边界作为村落边界、于平原进行紧密的组团式布局、以坡地等高线组织村落道路骨架等做法。通过深入剖析与提炼村落长期紧密依托的村址场地结构,建立在鄂西北地区地理特性下村落营建适应地势条件的基本建造模式,为村落保护、更新、发展提供可以借鉴的谱系作为规划的基础。

其次,在保护与延续原有村址环境的基础上,积极探索村落空间形态生长的演进趋势,充分发挥新的规划建设与场地结构的契合关系,将开发场地环境潜力作为现代村落规划的重要原则。

在具体实践中,第一,结合村址地势起伏、水系分布以及山地对可建设用地的限制,延续村落路网的基本骨架,并高度依附于原有村落人居生活组织的基本构型,使之呈有机生长的模式。第二,结合鄂西北地区的村落特征,梳理、组织、完善水体利用系统,将生活用水、排水作为村落基本空间组织的首要考虑因素。第三,注重对特殊地势的发掘与利用,结合村落原有结构与规划目标,结合高地、显要、开阔的位置营建标志性空间,并积极融合对村落文化的塑造,进一步强化人文精神对自然山水的呼应。第四,利用现代建造技术对场地的兼容性,发掘原有建设范围内可深入开发的空间,弥补传统技术下村落营建的"缺项",进一步完善村落整体空间格局。

10.2.3 统筹关键空间经营整体格局

确立村落基于自然山水秩序的布局结构,规划还应整体把控空间格局中的关键要素点,构建居民高度认同、凝聚地域人文精神的组织秩序,通过统筹人文空间结构,建立起村落特色文化或集体精神的标识体系,践行本土营建"以人为本"的规划原则。在此基础上,结合新时代的需求与居民的人居理想,实现继承历史、联结未来的规划创造。

基于此,鄂西北现代村落规划需要重构村落历史山水人文空间格局,为现代规划继承本土特色提供基础。同时,对在现代空间格局中仍然发挥作用,但已沉寂破败的关键空间遗存,进行遗产适度保护与场所精神焕活。结合文化空间、历史环境要素及其他关键空间在价值特色、保护现状及与当前城乡空间建设发展的紧密程度等方面的差异性,建立对空间遗存的分级分类体系,并建立相应的保护、更新、展示、利用策略。

在具体实施层面,针对如今村落中仅作为历史标识、脱离现代生活的空间遗存,规划可通过植入或结合现有空间改造,建立展览馆、主题公园、文化广场、创意工坊等公共文化空间,将历史遗存与现代空间进行融合,建立综合"保护历史遗存""标识消失遗迹""复兴文化信息""创造多元要素""激活文化脉络"等方法的规划体系。规划还需要建立文化脉络及网络的思维,整合、利用村落关键空间,基于历史空间格局的有机延续重塑现代空间秩序,进一步营建文化空间以强化村落格局结构,实现对地方文脉记忆的传承与文化精神的彰显。

同时,规划还应基于广泛的公众参与,对居民认同的代表性空间,围绕复兴地方精神、唤醒宗族意识、增进文化认同、提升集体自豪感的目标,结合村落核心空间打造文化核心项目,并引入适宜的公共活动、策划相关文化互动项

目,增进居民与村落空间的交互体验,更有利于凝聚与传承文化精神,实现
"以文化人"的规划目标。

10.2.4　凝汇艺术与情理提升人居意境

传统村落营建历来重视强化村落与环境的依存关系,以优化物质空间,满足居民对于"风水宝地"的依赖心理。在聚落发展之初,起始于人们对于优厚生存条件的本能追求,随着经济与社会的不断发展,逐步形成了从文化礼制与审美艺术层面对村落整体意境进行整合提升的实践,将艺术标准与原则融入村落山水人文空间格局的营造之中。结合鄂西北地区山水人文环境特质,基本体现为受理学影响下的审美与艺术思维,即重视空间"情理"与"形神"的统一,追求山水田园与耕读生活的融合,对创造具有鄂西北地域特色的村落空间格局有着重要的启发。深入发掘鄂西北地区传统村落蕴涵人居理想与艺术追求的格局艺术构架,积极探索能够尊重历史环境、保留地域特色、接续和提升格局意境的规划方式,对现代村落规划具有指导与借鉴意义。

规划时,首先需要深入认知村落景观体系,关注村落中已长久开发利用、经久不衰的郊野胜迹,以及曾发挥祭祀、防御、游憩、教育等功能的景观空间,系统建立村落景观要素资源库。充分挖掘历史文献、文学作品中相应的刻画,梳理诗词、志文、图绘等资料以完善要素信息,并做好相应的统筹保护与建设管控。

其次,注重对地域文化特色的融合,充分考量在鄂西北地区自然环境与历史演进中形成的艺术体系,从而在规划中应用适宜的营建要素与空间组织手法,营造协调统一的空间氛围。此外,对村落整体意境的凝练亦不能脱离日常生活体验,通过对格局中不同要素间构图关系、组织秩序、节奏规律、空间情绪等细节的推敲处理,构建村落具有地域特色和艺术价值的景观体系。除营造核心空间,还可利用巷道、水体、绿带等线形空间串联节点形成网络,应用适宜的要素协调整体景观风貌,构建有机的空间组织关系。

第 11 章　美丽乡村建设背景下的鄂西北传统村落保护

11.1　基本概念与政策理论

11.1.1　基本概念

11.1.1.1　美丽乡村

美丽乡村,是指中国共产党第十六届五中全会提出关于建设中国特色社会主义现代化的重大战略目标,提出的任务是"生活宽裕、产业兴旺、治理有效"等要求。美丽乡村建设在各个领域有着不同的定义,如国家对美丽乡村建设的标准是"生活宽裕、乡风文明、村容整洁、管理民主"等具体定义。这是通过推进社会经济治理和生态环境保护方面对此阐义。美丽乡村建设的基本要求是实施乡村振兴战略的关键,也是推进社会主义新农村建设的关键。

美丽乡村不仅是外在村容村貌上的视觉美,更应该拥有可持续发展方向的内涵美。美丽乡村的建设,是生态文明理念的更好践行。推进美丽乡村建设关乎农民的切身利益,也能增强农民的幸福感,更是关乎国家的长远利益、事关农村建设发展的全局,还是作为考核美丽乡村建设的重要标准。推进美丽乡村、美丽家园的建设,创建整洁、舒适、文明的生活环境,实现生态环境与社会经济协调发展,这是农村人民共同的愿望,也是推进生态文明建设的迫切需要。生态环境与农村经济的同步发展是农村最紧迫而现实的任务。

11.1.1.2　美丽乡村建设

美丽乡村建设作为一种提法,是我国开展社会主义新农村建设所要求的国家战略高度,是我国开展城乡一体化战略所部署的具体目标。2013 年中央一号文件提出了要把建设生态保护和环境综合整治作为美丽乡村的奋斗目标。习近平总书记对美丽乡村建设作出明确指示,要求新农村建设应坚持统筹规划,分类指导,完善机制,要经过长久的努力全面提高农村生产生活。坚持农民主体地位,尊重农民意愿,进一步推进美丽乡村建设。美丽乡村建设与农民的生活息息相关,事关农村长久发展。因此,美丽乡村建设应该尊重农民意愿,彰显乡村特色,弘扬传统文化,紧紧围绕乡风文明、村容整洁、管理民主建设开展乡村建设,坚持因地制宜,提升农村人居环境质量。美丽乡村建设是一项重大的历史任务,必须充分考虑乡村特色、地域特色和文化特色,着重解决农民生产生活中的问题。开展农村环境整治工作,改变村容脏乱差、房屋破旧的状况。必须积极探索政府引导制定科学的乡村建设规划,并引导农民自愿参与编制规划,充分尊重农民的意愿,保障农民的权利,使农民成为美丽乡村建设的主人,使他们能够真正亲身感受到美丽乡村建设给他们带来的巨大红利,让农民群众真正享受安居乐业的社会环境。

11.1.1.3　美丽乡愁

党的十八大报告提出"乡村振兴计划"与"生态文明建设"同步推进的具体战略部署和要求。在这一理念的指导下,建设能够"守护乡愁、留住乡愁、承载乡愁"的新时代新农村,逐渐成为美丽乡村建设的一项重要主题。

"乡愁"并不是真正的"愁",而是指群众对于乡里那份熟悉的自然、人文生活环境的深刻记忆和深切依恋。之所以会产生乡愁,正是因为故乡生活环境中包含着个体对于人与自然、人与人之间和谐相处这一生活方式的深刻文化记忆,也是乡里民俗文化这条"根脉"的体现形式。

因此,乡愁可以归纳为人对乡里和谐生活的文化寻根之记忆,代表了人与自然、与社会、与他人和谐共处的价值观念,堪称乡村的文化"基因"。因此,"乡愁"代表着一座乡村的文化个性,同时是一股能够有效鼓舞群众同心聚力建设美好家园的积极之正能量。因此,当前的美丽乡村建设必须将"留住悠长乡愁、承载悠悠乡愁"作为一项文化品牌工程来抓,以便逐步建成物质文明与精神文明同步协调发展,千姿万态、各具特色的一座座美丽新乡村。

11.1.2　美丽乡村建设政策背景

11.1.2.1　新农村建设为美丽乡村建设的发展夯实了基础

在第十六届五中全会中,对社会主义新农村的建设提出要求,即"生产发展、生活宽裕、乡风文明、村容整洁、管理民主"20字方针,形成以工业促进农业、以城市带动乡村的发展模式。这一阶段的战略出发点主要以城市带动乡村为主要方式,力求适应时代节奏,为乡村建设的初级阶段。

11.1.2.2　一号文件明确建设美丽乡村的奋斗目标

乡村的占地面积及人口的分布密集度占据我国的半壁江山,农村的基础设施、环境保护与良好的生活环境,都直接影响我国的经济发展。明确美丽乡村工作内容,促进美丽乡村建设,即乡村生态建设、环境保护及综合整治。针对传统古村落也指出保护性开发,传统村落建筑、民俗文化、村落面貌等应在还原的基础上进行改造设计,把传统村落改造成具有中华民族区域特色的村落,带有中华民族文化印记的村落。

11.1.2.3 《美丽乡村建设指南》

《美丽乡村建设指南》的核心是保持乡土味道、保留乡村风貌,同时要满足各地乡村的建设与发展需求。建设美丽乡村的三大板块就是美丽乡村的内涵,六大建设内容为美丽乡村建设量化指标。

财政部2013年提出以村级公益事业建设一事一议财政奖补为平台,开展美丽乡村建设试点。湖北省启动部分有条件的县(市)开展试点,并给予奖补,同时鼓励各地区开展试点。按照竞争分配村名额,择优推荐试点村,采取以奖代补的方式,对每个美丽乡村建设试点村奖补300万元,其中省级200万元,县级不少于100万元。

11.1.3 美丽乡村的内涵

"美丽乡村"建设强调生态、文化和产业的融合,注重人与自然的和谐相处,是升级版的新农村建设。"美丽乡村"之"美丽"不光体现在外表上,更体现在提升村民的幸福感上。我们要建设的美丽乡村,是农村经济、政治、文化、社会、生态文明建设和党的建设有机结合、协调发展的统一体,是农村精神文明建设的龙头工程。"美丽乡村"既有自然层面的美,也有社会层面的美,具体体现在以下几方面:

第一,环境优美。通过村庄整治,使乡村自然生态得到有效保护、基础设施得到完善与提升、人居环境得到功能化改造,实现乡村整体环境的美化,为村民提供良好的居住环境,努力实现乡村面貌的新变化。

第二,经济富美。建设"美丽乡村",必须以发展乡村经济为中心,坚持把生产发展放在首位,通过乡村自然资源的整合和产业结构的调整,积极发展乡村旅游、休闲、生态、文化等特色经济,实现一、二、三产业的联动发展,多渠道拓宽村民的收入来源,使村民的生活得到比较明显的改善。

第三,社会和美。乡村的美还体现在它的和谐上,人与自然的和谐、人与人的和谐、人与社会的和谐。在良好的人居环境和高品质生活保证下,做到家庭和睦、民风淳朴、文化繁荣、底蕴深厚、民主法制、城乡社会统筹发展等,实现乡村精神文明的长期繁荣。

第四,服务完美。通过建立新型农村社区、完善基层组织、建立健全社会保障体系、提供劳动保障服务平台等,进一步统筹城乡发展,健全乡村公共服务体系,繁荣乡村社会事业,逐步实现城乡教育、医疗、文化设施一体化,使乡村居民也能享受到像城市居民一样的现代文明生活。

第五,生活甜美。在人居环境优美、村民生活富裕、公共服务完善和人际关系和谐的基础上,通过培育乡村特色文化和提升农民现代素质来丰富农民的精神生活,提升农民的幸福感,为农民提供一个丰富充实的人文环境,让农民的生活甜甜美美。

由此可见,美丽乡村不仅是村落面貌的问题,还是村落内部民居建筑问题。在国家政策的大力扶持下,百姓生活在提高,对于生活环境的需求也在不断提高,这个主要体现在对自家民居进行改造或者新建上,村民需要一个条件较好的住宅。村落的民居建筑不但关乎居住环境,更蕴含着传统民居建筑文化,需要充分将地域性文化与民居建筑相融合。因此,民居建筑在进行改造或者新建时不应摒弃传统民居建筑文化。村落的美不只是外在美,更要美在发展。这里的发展除了指经济的发展,更是指文化的发展,那么对于传统民居建筑的改造或新建就应当遵循可持续性发展的理念。

传统村落中的民居,是“乡愁”的具体承载物。因为这些传统民居见证了先辈村民筚路蓝缕从自然中适度取材、建设宜居环境的艰辛历程,也见证了传统农耕时代先辈村民邻里和睦、守望相助的美好生活场景。因此,传统民居正是蕴含着悠悠乡愁的乡村文化根脉、基因之形象载体,能有效地提示并强化当代村民对于传统村落文化的情感认同,自然也能对当前的美丽乡村建设发挥出“固本强根、凝神聚气”的生动功效。正因如此,我们在当前的美丽乡村建设中必须注重提炼传统民居的形制、式样元素,将这些生动的传统民居建筑式样元素巧妙地融会到新民居的设计与建设中,以便在最大程度上契合传统乡村“虽由人作,宛自天开”的自然、自在之本真属性,进而巧妙达成“生态文明建设”与“乡村振兴”有机协调、同步并举的生动效果。因此,在“美丽乡愁”理念的指导下,保护传统民居进而活学活用其建筑布局思想与形制、式样元素,就成了美丽乡村建设的必然之举。

11.2　传统村落民居可持续性研究

11.2.1　可持续发展的提出

环境与生态的问题促使人类逐渐意识到在寻求发展过程中所带来的问

题。1962 年出版的《寂静的春天》里就阐述了农药所带来的自然破坏问题,加强了人类对于自然保护的观念。最初的可持续发展概念是环境、生态等研究方向的相关研究学者根据一系列自然环境问题而提出的,而最早明确这一概念的是 1980 年发表的《世界自然资源保护大纲》,其中说明了关于物种、生态环境以及遗传的多样性保存。1987 年,由联合国"世界环境与发展委员会"发表的《我们共同的未来》,对"可持续发展"做出明确定义:既能满足当代人的发展需求,又不会对后代人需求发展构成危害。为了达到这一目标,这份报告又提出了"需要"和"限制"两项措施。"需要"即合理归纳当代人的发展需要并展望后代人可能的发展需要,并据此协调两者之间的关系。"限制"即按照协调当代人与后代人发展利益关系的理念,合理适度限制当代人并不必需的过度资源、环境消耗行为。就我国来说,1994 年颁布的《中国 21 世纪议程——中国 21 世纪人口、环境与发展白皮书》,首次高度肯定了可持续发展的作用。1997 年,党的十五大又将"可持续发展"确定为中国特色社会主义现代化建设进程中必须实施的国家战略。

11.2.2 可持续发展的定义

可持续发展既能满足当代人,又能满足后代人。这项定义还仅是从宏观角度概括了可持续发展的基本内涵与特征。实际上,"可持续发展"还表现为"人与环境关系""社会发展的需求与限制""经济发展的需求与限制""科技发展的需求与限制"等多层面的内涵。就"人与环境关系"这一方面来说,"可持续发展"要求加强对环境和生态系统的保护,以便使生态环境足以支持人类未来的可持续发展利益;就"社会发展的需求与限制"这一点来看,"可持续发展"又要求人类必须以尊重整个生态系统的承载能力为前提来合理规划、控制自身生活品质的提升进程;就"经济发展的需求与限制"这一方面来说,"可持续发展"要求当代经济活动尽可能降低对自然生态环境的破坏程度,以便更有效地兼顾后代人的发展利益;就"科技发展的需求与限制"这一点来看,"可持续发展"又要求尽可能采用太阳能、风能等清洁能源,降低生产、生活活动的总体能耗,同时推广绿色生态建筑形式。以上各层面对"可持续发展"的解释虽各有侧重,但还是体现出了"协调当代及后代发展利益"这一共同点。

对于传统民居建筑而言,民居的可持续就要遵循以下三点:第一,从"以人为本"到以环境为中心;第二,从"现代化"到生态现代化;第三,从"节能建筑"到生态建筑。从贫困村落和人民的发展考虑,可持续应充分体现出"低造价"、"低技术"的特点。让村民能够完全地参与到民居的建设中,同时能够让每家每户住上"舒适"、"美观"的房子,同时更加顺应美丽乡村的发展观念。

11.2.3　可持续性的设计思路

11.2.3.1　居民参与思路

可持续的设计理念就是要满足"低成本、低技术",居民有能力对自己的民居进行更新与改造,以居民的想法作为保护更新的参考依据,使更新中不仅包含设计师的建议也综合当地居民的需求。对居民普及更新保护的知识点,鼓励居民自发地参与到其中,充分了解保护的重要性和更新的注意事项,有效地调动居民的热情,从根本上达到可持续的发展。

经济好住的民居建筑得到大家的高度认可,同时能够保障乡村的良性发展。

11.2.3.2　动态保护思路

要保护传统村落民居,不应迁移原住居民而将民居变为纯粹供游人参观的纯静态展示型博物馆。而应借鉴"生态博物馆"的建设理念,在保护传统民居建筑的同时,保护原住居民的原生态生活方式。唯有如此,才能真正保护民居景观中最具魅力的成分,才能实现传统民居保护与"美丽乡村"建设的初衷。

11.2.3.3　循环互动思路

对于传统村落民居的保护,要同当地群众发展利益有机结合起来进行统筹协调规划,努力推动民居保护产生经济与社会效益从而促进当代经济和社会的发展;同时又借助经济、社会发展的成果来更为深入地推进民居保护工作。这样,就有望促成民居保护与经济社会发展之间的协调统一,从而从可持续发展的视角推进传统民居保护事业。

11.2.4　传统村落民居可持续性研究

对于传统村落与民居的保护,必须注重因地制宜,精准施策,推动传统民居作为文化景观在"美丽乡村"建设进程中发挥其应有的文化生态功能。所谓"文化生态",是指特定地区自然环境与人类群体生产生活方式、经济发展水平、交通状况、宗法制度、风土人情等各种要素和合统一为一体而构成的"综合性环境系统"。而传统民居则是"文化生态环境"中的重要承载符号。因此,对于传统民居的保护不能脱离"文化生态环境",也不能脱离居民原生态的生活方式。

实现传统民居保护目标,解决经济、社会、文化生活与自然环境、居民发展利益和民居保护事业之间显在或潜在的矛盾尤为关键。首先是民居建筑外貌,民居的可持续发展从建筑的外貌上不能与整体的村落格格不入,民居建筑不仅是村落的一部分,也是生态环境的重要组成部分,所以民居建筑的外貌要做到与环境和谐一致,充分体现从环境中长出来的民居建筑特点;其次是功能上,须满足现代人的生活需求,大多数传统民居建筑的改造初衷都是因为现代使用功能的局限,从而导致各式各样迥异的民居建筑形式,所以传统民居建筑的再发展应当充分考虑现代使用功能的需求;最后是建筑材料,民居建筑的可持续不仅要满足经济环保的特点,同时要考虑地域环境的独特性,做到就地取材,不仅可以降低成本,最重要的是与环境相呼应。民居建筑不单单是一个居住空间,更是传统文化与家园文化传承与保护的载体。民居的可持续发展就是文化与乡愁的可持续发展,同时是"美丽乡村"建设的重要组成部分。

在"美丽乡村"建设的背景之下,传统村落不再仅是承载当代人及后代人生活的空间环境,更是承载"悠悠乡愁"的文化生活符号与诗意的精神家园。这就要求新农村的建设者们必须从当地社会发展的综合需求出发,强调在开发(如旅游开发)中保护,在保护中开发。促使传统民居的保护事业同当地社会经济发展融为一个互动、互促的整体机制,才能促使传统村落及其居民生活走上保护、开发两者可协调、可持续的创新发展之路。唯有如此,才能在"美丽乡村"建设中更为鲜明地彰显古民居的田园之美、生态之美,促使其凭借"宜居、宜业、宜游"的属性融入乡村振兴发展的宏伟背景之中,成长为足以服务于当地经济社会发展大局的全新文化景观。

11.3 传统村落与民居的保护

鄂西北地区传统民居、传统村落数量多,是一座丰富的建筑与文化的宝库。对于传统建筑的保护来说,1963年梁思成先生提出了"修旧如旧"的原则,其强调了古建筑保护的整体性。

著名文人冯骥才对于古村落传统文化的保护有自己的见解:第一是分区形式,在原有村落不变的情况下,在其附近建设能满足居民现代生活需求的新村落,保持古村落原汁原味;第二是博物馆的形式,把分散的经典建筑和文化要素集中在一起,加强保护;第三是在原有古村落的基础上加以维护整修,作为一种旅游资源来开发,向社会推介;第四是保持原有古村落不变,保持其原生态模式。

　　传统村落作为一项特殊的公共资源,自身的脆弱性、不可再生性以及承载的多元价值决定了对其保护的重要性。立足保护是当代鄂西北地区传统村落空间形态适应性发展的前提。传统村落的保护具有双重性,一是要保护好珍贵的文化遗产资源,二是要促进村落的持续发展。近些年来,我国在古村落保护理论、规划编制、旅游开发与管理上做了系统的探索,特别是在提高保护意识和规划设计水平、完善保护措施和保护法规等方面做了大量工作,创造了一批成功的例子。但是,保护工作是一项艰巨的任务,特别是对于起步不久的鄂西北传统村落的保护工作而言还存在许多现实困境。

11.3.1　鄂西北传统村落保护的现实困境

11.3.1.1　保护法规体系不完善

　　法规建设是乡土建筑遗产保护的前提。虽然国家已于 2008 年出台了《历史文化名城名镇名村保护条例》,然而与从国家到地方完整系统的城市文化遗产保护法规、条例相比,有关历史文化村镇保护的法规体系的建立仍处于起步阶段,这与拥有我国半数以上文化遗产的历史文化村镇的保护需求是不匹配的。

　　鄂西北地区汉族传统村落数量众多,除少量村落被列入各级历史文化名村或文物保护单位外,大部分传统村落尚属于一般性传统村落。但 2007 年修编的《中华人民共和国文物保护法》和 2008 年颁布的《历史文化名城名镇名村保护条例》只是确定了对占小比重的文物保护单位和历史文化名村实施保护的法律保障,而大量的一般性传统村落中优秀的乡土建筑遗产均在村落建设中列入被拆除对象,或由村民自愿拆除改造,因此造成大量珍贵的乡土建筑遗产随时面临被拆除的危险。不仅如此,对于那些已列入文物保护单位的乡土建筑遗产,《中华人民共和国文物保护法》不仅要求所有人或使用人对文物建筑不得有拆建、买卖等行为,而且还明确了所有人或使用人的修缮、保养义务。

　　在保护资金方面也同样存在法律法规上的缺陷。《中华人民共和国文物保护法》第二十一条规定,非国有不可移动文物由所有人负责修缮、保养。非国有不可移动文物有损毁危险,所有人不具备修缮能力的,当地人民政府给予帮助;所有人具备修缮能力而拒不履行修缮义务的,县级以上人民政府可以给予抢救修缮,所需费用由所有人负担。这无疑增加遗产所有人的维修费用。同时,按照现行文物保护专项补助资金使用政策,专项补助资金原则上不能用于补贴产权属于集体或个人的乡土建筑遗产,不能私房公修。这些法规或政策导致的直接后果是居民投资维修这些文物建筑的积极性受到严重影响,从而使得一些具有重要保护价值的乡土建筑遗产年久失修,自然损毁状况极其严重。

11.3.1.2　保护资金严重不足

目前,鄂西北地区传统村落的保护资金存在严重的不足。造成保护资金严重不足的主要原因如下:一是相关保护法规体系的不完善使得居民投资进行保护性维修的积极性受到影响。二是虽然《历史文化名城名镇名村保护条例》规定,历史文化名村所在地的县级以上地方人民政府,根据本地实际情况安排保护资金,列入本级财政预算,但由于历史文化村镇规模庞大,要保护的传统建筑数量众多,加上传统建筑的维修费用较高,因此仅凭借微薄的地方政府收入是难以承担的。三是目前这些村落缺乏产业支撑,村集体经济十分薄弱,加上目前村集体经济组织承担了村内基础设施和主要公共建筑维修(比如祠堂)、公共服务、社会治安、村组资产经营、行政管理等多方面职能,因此村集体组织不可能有更多资金投入到乡土建筑遗产的保护维修。

11.3.2　传统村落文化遗产的保护

11.3.2.1　物质文化遗产

物质文化遗产的构成包括整体风貌、历史地段、传统建筑和历史纪念物四个层次。其中,整体风貌是传统村落重要的景观构成要素,是传统村落保护的重要内容之一。保护传统村落整体风貌是为了保证传统村落内历史环境和传统风貌的完整性,同时避免因周边地段无序建设使其传统肌理遭破坏、历史文化价值贬值。历史地段是指传统村落内传统建筑和古迹分布较集中,能较完整地体现传统民居建筑特色和街巷格局的地段。传统建筑包括文物建筑和历史建筑两大类,其中文物建筑是指传统村落内各级文物保护单位所涵盖的建筑,或者被登记为不可移动文物的建筑物、构筑物;历史建筑是指具有一定保护价值,能够反映历史风貌和地方特色,未公布为文物保护单位,也未登记为不可移动文物的建筑物、构筑物。历史纪念物主要包括族谱、行谱、家谱、民间药方、人物志等文献手稿,以及字画、木雕、石刻、日常生活用品、生产工具等其他可移动历史文物。

11.3.2.2　非物质文化遗产

2003年联合国教科文组织的《保护非物质文化遗产公约》对非物质文化遗产的定义作了界定:物质文化遗产是指被各社区、群体,有时是个人,视为其文化遗产组成部分的各种社会实践、观念表述、表现形式、知识、技能,以及相关的工具、实物、手工艺品和文化场所。这种非物质文化遗产世代相传,在各社区和群体适应周围环境以及与自然和历史的互动中,被不断地再创造,为这些社区和群体提供认同感和持续感,从而增强对文化多样性和人类创造力的尊重。

　　具体来说,非物质文化遗产的保护主要包括对传统的民间习俗、口头作品、表演艺术、工艺美术和民间知识等的保护。此外,还需要保护能够传承、使用和创造这些非物质文化遗产的居民及其邻里关系,以及遗产赖以生存发展的社区根基及自然、文化生态环境。传统村落的保护内容见表 11-1。

表 11-1　传统村落的保护内容

生态环境		包括地形地貌和自然景观,也包括气候、水文、动物、植被等
文化遗产	物质文化遗产	整体风貌	指整体空间格局和传统历史风貌
		历史地段	指传统建筑和古迹分布较集中,能较完整地体现传统民居的建筑特色和街巷格局的地段
		传统建筑	包括文物建筑和历史建筑
		历史纪念物	包括文献手稿和其他可移动历史文物等
	非物质文化遗产	包括口头作品、民间音乐、表演艺术、工艺美术、民间习俗、民间知识等

11.3.3　鄂西北地区传统村落的保护策略

11.3.3.1　处理好拆旧与建新的关系

　　美丽乡村建设直接面临的就是对古建筑的保护,以及围绕这些建筑存在的传统习俗、民间歌舞、历史文物、乡土人情等的传承。古村落是美丽乡村建设中最完整、最生动的历史与文化的沃土。在当前的美丽乡村建设中,有的地方盲目套用城市建设标准,一味追求现代、整齐、美观,对乡村大拆大毁,或者对传统民居、古建筑进行大规模不合理改造,致使村落结构形态逐渐被城市同化,乡村个性、特色消失,出现了类似于城市住宅的联排别墅和单元式住房等民居建筑,同时建起了广场、大马路,造成了"千村一面"的后果,更使传统村落的建筑风貌和淳朴的人文环境受到了不同程度的破坏。要充分认识到,古村落、古建筑、古民居的保护与美丽乡村建设并不是对立的,它们之间互为依托、相互促进、相互影响。大拆大建,只会使各类文化保护遭到破坏,并且会造成乡村特有风貌的丧失和历史文脉的断裂。城市建筑有城市的美,乡村建筑有乡村的美。一些城市居民不再追求建筑的现代化,反而越来越向往乡村田园风光,归根到底还是因为乡村的特质美吸引着大家。但是,乡村居民也向往现代的生活方式,我们不能为了保持传统文化的原汁原味,而牺牲他们现代生活的质量去拒绝使用新的技术。问题的关键在于在使用现代科学技术时,如何做得自然、贴切、隐蔽。我们可以借鉴国外的成功经验,保持原貌,将现代设施接入传统建筑,既增加了居住者的舒适度,又保护了传统文化。因此,在美丽乡村建设中,一方面要注重乡村现代化的引进,另一方面在建筑风格和文化传承上要突出乡村特色,因地制宜,把依山傍水、青砖黛瓦、小桥人家等体现在乡村特色建筑中,保留更多传统美和特质美,努力做到优秀传统文化和乡村现代生活在美丽乡村建设过程中的完美融合。

11.3.3.2　创新保护手段

乡村最吸引人的就是它的文化意境,包括建筑风格、自然生态、民俗风情、传统技艺等。为了促进乡村传统文化的保护与传承,保证乡村可持续发展,为子孙后代创造一个更好的自然与人文生态环境,我们必须创新传统文化的保护手段,可以从建立村落博物馆、发展文化产业、加强宣传教育、运用科技手段等方面入手,正视今日乡村的变化,做到乡村文化遗产的活态传承。

可依托传统村落内部遗存的古民居建立村落博物馆。村落博物馆是指人类历史性形成的具有固定生活习性、具有民族特色、具有历史研究价值和人文延续价值的乡村居住地。它的出现为人类后代寻找到历史文明脉络提供了一种可能。村落博物馆不是包装、设计与模仿的,而是以生态博物馆理念为基础建设的,强调保护村落内的一切自然资源与人文资源,村落的文化遗产都将被原样地保存在其原生环境中,既有静态保护,又有动态保护,动静结合,文化在其中是鲜活的。村落博物馆不仅仅是用来观赏的,而是在尊重村落原有行为习惯、观念信仰的基础上,加强村落整体文化的保护,是人类文明的活化石。

另外,可在当地乡村文化遗产的基础上,发掘文化资源,发展特色文化产业。我国乡村地区蕴含着丰富的文化资源,为文化产业的发展提供了得天独厚的时空优势与物质基础。大力发掘和弘扬地方特色文化资源,挖掘乡村文化的核心元素,开发乡村文化产业,有利于把文化资源优势转换为经济优势,扩大就业、增加农民收入,助推我国乡村向现代化的转型与跨越,促进乡村社会的发展进步。发展乡村文化产业可从以下几方面着手:第一,打造特色农业文化品牌,乡村拥有大量的乡土特色物品,对其进行加工包装,形成特色农业文化产品,这可以有效转移农村剩余劳动力,增加农民收入,带动乡村经济发展。第二,打造特色旅游文化品牌,在美丽乡村建设中,应充分挖掘乡村文化的地方特色、民族特色和时代特色,充分利用乡村特有的地域文化资源,如自然生态、建筑遗产、名人故居、文物古迹等,发展古镇游、生态游、红色游和农家乐等乡村旅游项目。同时,要加强对非物质文化遗产的演示、推介和传承,将民歌、舞蹈、仪式表演、民族美食等发扬光大,让城市居民享受充满生机和趣味的乡村自然文化风情之旅。第三,打造特色民间文化品牌,乡村民间文化资源种类繁多,具有农村、民族特色和地域特征,对其进行包装加工,可以形成特色民俗文化产品,推动乡村经济的发展,对优秀民间文化产品可加入现代元素,积极进行市场开发,让具有地域特色和民族传统的泥塑、绘画、雕刻等民间工艺项目赢取市场份额、占领文化产业市场。还可以以村为单位系列开发民间文化,形成一村一特色、一村一品牌。

另外,举办文化活动,加强宣传教育。如何保护好乡村传统文化,关键在人。因此,我们要充分调动起人们参与文化保护的主动性和积极性,做好相关的宣传教育工作,以唤起人们对乡村传统文化的关注和尊崇。首先,要加强媒体的舆论导向,应当尽力依靠现代化的传播手段,如影视制作、报刊报道、书文出版、网络信息等,来普及乡村传统文化保护知识,开启民智,提高乡村传统文化在人们心中的位置,增强人们对于乡村传统文化保护的热情与兴趣。其次,举办文化活动,政府和各级文化部门可以结合本地实际,以重要节日和重大纪念日,特别是乡村传统节日为契机组织开展诸如元宵灯会、地方戏曲、民俗表演、歌舞晚会、书画展览、农民体育运动会等丰富多彩、积极健康的群众文化活动,这样既可以丰富民众的文化生活,又可以提高民众参与乡村文化工作的积极性,增强了民众对乡村传统文化的认同感。再次,加强教育,应高度重视乡村文化教育,一方面可以组织有关专家教师编写乡村传统文化教材,让学生从小就能接受到乡村传统文化保护方面的教育,养成乡村文化保护方面的自觉意识。另外,还可以在条件允许的情况下,围绕某些社会热点问题开设各种形式的乡村文化保护传承培训班和研讨班,提高文化保护人员的专业水平与工作能力。另外,可以通过发放资料、免费开放乡村文化遗产博物馆等,利用知识和实物相结合的形式来开展乡村文化教育工作,提高民众保护意识。

保护以古村落为主要内容的农村历史文化遗产是农村文化发展中走现代化与传统相融合、经济与文化相统筹、自然与社会相和谐之路的一种可行模式,是文化农村的最佳选择。

11.4 鄂西北地区民居现状

11.4.1 原有空间不能满足新的需求

城市的快速发展带动了乡村发展,新的生活方式不断与乡村生活方式融合,人们在享受新的便利化的生活时开始丢弃原有的生活方式,如丢弃灶台使用新的燃气资源,便利了烹饪的同时也丢失了原有的传统,又或是利用暖气进行供暖,但由于专业性的缺乏与房屋结构的限制,旧的元素与新的元素无法进行有效的融合,造成了建筑外貌呈现出不协调的拼凑感,造成了传统村落格局、传统民居风貌、传统文化都遭到了破坏,使其原有生活方式不断消失。

11.4.2 建筑居住空间年久失修

居住空间随着时间的增长以及在风雨日夜的侵袭下,空间开始出现问题,墙体破裂及保温性差、采光性缺失的问题不断显现出来。随着生活需求的增加,破旧的居住空间已经不能满足现代农村居民的生活需求与生产需求,居住空间的整体修缮势在必行,尤其是对室内空间的加固及功能性的提升是建设重点。

11.4.3 民居建筑出现"轻浮虚夸"现象

在当前我国农村经济取得较快发展进步的背景下,乡村的家庭构成、广大农民的生活质量、生活的方式和观念等都较之以往有很大的变化。过去大多数村庄往往分布于一些相对封闭的空间里,村庄中的街巷大都很窄且不够通畅,村庄的整体格局一般都略显单一化等,这些特点往往在一定程度上阻碍了农村的发展,也难以适应现代农民的生活方式。近期以来,许多乡村地区都争相建设一些具有欧式风格以及现代化的街区和房屋;与此同时,一些新的建筑材料以及特殊建筑工艺也相继运用到乡村的建筑中,这在更新乡村建筑形态的同时导致乡村建筑中原有的富于地域色彩的建筑材料和风格被抛弃和遗忘,一些乡村原有的历史文化意蕴也在这一过程中逐渐消失。另外,大部分乡村地区在现阶段还并不具备相对完善的基础和公共设施,也就不能较好地承担起人们聚居生活的社区角色。

11.5　美丽乡村建设理念下的民居设计原则

文化的保护与传承作为美丽乡村建设的重要组成部分,对促进农村政治、经济、社会、文化和生态的发展具有重要意义。然而,在城镇化和新农村建设加速发展的今天,乡村传统文化正在遭受种种破坏,中华传统文化面临严重传承危机,因此探索美丽乡村建设中的文化保护与传承路径迫在眉睫。

11.5.1　以生活功能为中心

生活功能是生活需求中的关键,也是民居住所的主要内容。农村传统民居应以生活功能为中心进行设计,房屋的功能与住户的需求是否协调,是决定生活质量高低的关键,即农村民居是否满足村民的需求,是提高村民生活质量的关键。

随着村民生活需求的增加与改变,传统民居不能再满足当下村民的需求,新增加的功能需求与旧的传统建筑不能进行高效的结合,民居面临着更新与改造,其中的关键便是对居住空间的功能改造,增加其生活功能的使用。传统民居的空间模式是村民传统生活模式的物化体现,具有体现乡村历史特征的文化价值,在传统民居更新中需要注重传统元素,做到新旧的结合。

11.5.2　以文化传承为脉络

传统民居在满足生活功能的前提下,也是对乡土风俗与地域审美文化要素的继承,是当地文化习俗的空间载体,有着深刻的本土特色与文化印记。

在民居建筑更新中应考虑融合地方性文化元素,以地方文化为切入点与建筑进行融合。我国乡村地区地域广阔,民族众多,不同地域或同一地域的不同村镇,在自然条件、资源禀赋、风俗习惯和经济发展水平上存在明显差异,这也正是乡村独特性的体现,如果把这些特殊的资源条件加以正确把握和合理利用,就能形成乡村建设的品位、特色和形象,会为地方经济社会和文化发展带来良好前景。美丽乡村建设,应根据各地的地域文化特征,贴近实际,因地制宜,深入挖掘和突出地方特色,做到"你无我有,你有我特",形成多种多样的建设格局,彰显一村一品、一村一景、一村一韵,切忌照搬照套,千篇一律。在强调特色性的同时,还应把当地的人文资源和自然生态有机结合起来,开展生态文明建设,追求人与自然的和谐统一,优化美化村庄环境,打造地域品牌,发展具有个性特色和文化内涵的秀美村庄,推进美丽乡村建设不断的发展。

比如十堰甘家岭村内的甘氏宗祠经过修复之后,过去的宗族祠堂如今成为文化建筑,正在以新的姿态继续为人们服务(见图11-1)。

图11-1　改造后的十堰甘家岭村及古民居

11.5.3　以地域风貌为特色

传统乡村民居具有鲜明的地域特色,是在特定的自然环境、历史条件和社会风俗的影响下形成的,代表了当地的乡土风俗与地域审美等文化要素。在传统乡村的更新中,要重视原有的建筑风貌,杜绝盲目地使用现代元素来代替原有元素,但也不能盲目地完全使用旧的建筑形式,而忽略了现代材料的运用与满足现代审美需求。

因此,在建筑结构、建筑材料和风貌元素上应总结并保留原有建筑民居的比例关系,对建筑结构和空间布局进行调整,强化核心建筑风貌元素,加入现代设计元素的同时注重新材料与旧材料的融合。

房屋是乡村民众进行正常生产、生活的重要载体。在建设中要始终明晰:美丽乡村不是将原先所有的乡村建筑一并舍弃,全盘否定。要根据实际情况,既要保留乡村特色,又要保持生态和经济上的齐头并进。对于一个乡村的改造要注意听取乡村居住者的意见,受其监督。在此过程中要激发民众的主人翁精神,在规划、实施、验收的多个阶段中要有知情权,由村民自发广泛参与到改造中来。关于整体的布局上,要尽最大可能保留之前的建设范围,把重点应用在乡村区域的各个小部分上来,注意保持整体的和谐,合理规划道路、房屋、公共生活和休闲区域等,绝不能对周边的生态造成污染。

11.5.4　以尊重自然为前提

传统民居依托自然环境,自然环境是农村民居存在的基本条件。传统民居的选址和布局往往以尊重自然和亲近自然为中心,乡村传统民居的周边环境是民居建设中的重要组成部分。在现代乡村中,工业的快速发展给农村的自然资源和生态环境带来了巨大的压力,如何协调传统民居在改造和更新过程中建筑布局与自然环境的关系,已成为需要关注的重要领域。

在传统民居的选址中,首先,景观格局是村民要考虑的因素,也是村民处理建筑和环境关系的重要因素,它反映了建筑与周围山水田园的位置关系,包含了建筑选址中对水源的良好运用、通风采光的合理性以及依托山势的安全性。其次,植被和绿化也是周边环境的重要组成部分,它为村民提供了生产生活所需要的燃料以及建筑材料。民居内的院落与民居本身可以形成一个小的生态环境,提供绿化功能的同时,起到了空间引导的作用,因此植被和绿化在传统住宅建筑中起着互补的作用。地形地貌受到人为因素的改造而缓慢发生变化,所以周边地貌的形成是村民与环境相互协调的结果,具有传统文化的不可复制性。

11.5.5　通过保护古老建筑增加文化底蕴

古老建筑是历史的见证人,它们的外形、特色、构架、布局等,都是历史发展的结果,都凝结着文化的内涵,这些古建筑可以说是某一个地方吸引他人的重要原因。设计时要善于分析古建筑的营建技艺,同时利用好农村的自然景观优势,珍惜原有的特色,充分利用当地地形特征,通过各种手法营造出新农村独有的氛围与景象,使居住者能够尽情享受大自然赋予的各种美好的自然景观。

广大农民群体有着丰富的创造力。在漫长的历史发展过程中,我国农村逐渐拥有独有的民间文化和审美内涵,如农民画、泥塑、木版年画等,它们均以其艺术魅力传达农民质朴的感情,诉说一个又一个纯真的故事,它们带给了我们美的感受和感动。同样,植根于农村、服务于农民的新农村建筑设计也理应成为传达农村艺术审美内涵和农村文化特色的一个重要媒介。然而,由于经济全球化的影响,有的人只看重新颖的形式,而不注重保护自然资源和人文资源,在民居建筑中,没有延续和体现当地的文化传统,失去了当地民居建筑的精华。美丽乡村中的建筑应当具有中国气息,展现中国文化,融入中国传统民居建筑物精华。如在民居建筑造型的设计中汲取传统建筑特点,创造出既有地域文化特色,又有鲜明时代感的建筑个性,从而给人以视觉上的美感。

凝结着文化和历史的建筑是有精神和性格的,它带给居住在里面的人不同的感受和回忆。在不同的历史时期、不同的外界环境,都能散发其独特的气质。建筑师应首先考察房屋的现状,以保护文化和历史传承为出发点对其进行整体和长远规划,充分保留建筑原有特色,结合当地住宅特色采用适合的材料设计出富有地方特色的外貌,优化人文环境品质。基于此,建筑师必须到农民中去,深入体验农村生活,了解民风民俗,倾听农民心声,让广大农民参与到新农村建筑设计创作过程中,以求得广大农民的认可和接受,让富裕起来的农民钱花到实处。

11.5.6 发掘古民居特色服务于新民居

古民居的改建是个庞杂的过程。根据实际情况的不同,其特殊性也大相径庭。但基本上说来有两方面的问题:创新与和谐的问题。创新,就是在保护原本建筑风貌的同时,积极探索创新,在扩建部分要保证与原有建筑风格差异较大,有突出特点,通过比照产生和谐。对于那种历史及艺术价值都很高的建筑物,则需要多去考虑如何最大程度维持原有建筑物的风貌。和谐,就是在对某一个历史建筑物和它后期的改造进行评价时,进行一个全面考量的标准。后期加造或改造的部分,一方面要具有与时俱进的特点,另一方面又要与原建筑和周边环境配合,融入周边环境,着力保证新旧建筑在关系上的一致性。在城市环境及保护建筑中,这种持续性或者说是有机性举足轻重,一旦这两种特性缺失,建筑物与人之间将成为两个没有关联的集合。

传统材料赋予民居以历史的沧桑感、生命的活力,自然禀赋的协调力,易于使用的传统工艺工匠等优势,是现代工业材料无法对比的。本着原真性的原则,在对乡村民众居住的房屋及其他建筑的改造过程中,要坚持乡村整体面貌的协调和统一,以本区域常见的建筑材料为主,保持与周边自然和人文环境的和谐。在改造中要秉持"原汁原味"的特点,对于破损严重的房屋和街巷进行重新搭建。在外观上保持视觉的协调性,不可盲目装修,不顾整体布局。

11.6 美丽乡村建设背景下的传统民居适应性

在当今快速现代化的发展下,鄂西北地区传统民居要对现代化适应已是必然的发展趋势。因此,在不破坏传统村落历史、文化和形态的基础上,对传统村落民居进行适应现代化的设计研究将会促进传统民居的可持续发展与利用。

作为选择开发型乡村聚落代表的冯家湾村,通过对其简要介绍,结合各项得分结果,可分析得出:位于鄂西北地区生态文化旅游发展圈中的冯家湾村,其处于该圈层中的资源相对优势区,开发现状则较为一般,其资源竞争力及开发适宜性评价与实际情况较为相符。在实际数值中,冯家湾村的总体资源竞争力得分展示其作为古村落保留古文化资源的良好情况,因此以文化为依托的民俗节庆活动、聚落完整性、建筑原真性、人居干扰度等方面表现良好,展示了一定的资源竞争优势。对比鄂西北地区的同类村落,其竞争力单向评价较高,但由于目前开发的局限性,区位可达性、交通可达性等高权重指标,排名比较靠后。以上结果结合实际情况考虑,可得出其现阶段的根本性开发前置条件的优化方向,从以上基础性分析结果中,提炼出以下针对性的策略建议:

(1)建立资源存档,打造体验工坊。

冯家湾村的历史人文感非常丰厚,这得益于冯氏家族在这片土地上写下的生活篇章、留下的民居建筑、传承下来的传统工艺技术。明代建筑冯氏民居是传统建筑技艺的集大成之作,无论是砖雕、木雕的细节工艺,还是建筑本身的布局、风格、形制,都是研究当地乡村聚落建筑的最佳选择。古水井、古造纸工坊则是乡村生活、生产的场所空间,造纸工艺作为我国四大发明之一,蕴含了劳动人民的智慧结晶。无论是农事还是传统手工艺,都可以成为工坊项目的主营业务,在当代,工坊体验项目在城镇市场中演化成为休闲娱乐的趣味性体验,成为人们工作之余放松的好去处,产业发展较为成熟。如果选择开发型的乡村能够深化自己的资源优势定位,取长补短,也能够跻身于优先开发之列。

(2)打通乡村旅游的最后半小时交通。

比如冯家湾村在资源竞争力评价中得分很高,最终却被归为选择开发型,在开发时序中排列较后,其根本原因是位于南漳县的冯家湾村地区的交通及配套设施跟不上旅游开发的基本性要求,相比同类村落,冯家湾村的旅游资源需要付出的交通成本更多。"要想富,先修路",到达冯家湾村的游客目前以村镇的公共交通和自驾形式为主,如果交通资源等基础设施没有向选择开发型的村落倾斜,那么他们将很难发展起当地的旅游产业。

当然,前往冯家湾村已经非常方便,沥青路可以顺利到达,针对其他传统村落而言,交通条件的改善依然非常关键,尤其是类似漫云村这种比较偏远的地区,交通条件的改善就非常迫切。

第 12 章 鄂西北地区传统村落的现代适应性改造

12.1 传统村落改造的背景

12.1.1 传统村落产业结构变化

鄂西北地区传统村落可以划分为以传统农业为主的村落、以旅游业为主的村落。

12.1.1.1 传统产业

鄂西北地区的传统社会是以传统农业为主的社会,农耕是鄂西北地区传统村落居民的主要生产方式,狩猎、采集、林业也在鄂西北地区的生产中占有一定地位。鄂西北地区人民的农业生产的产品主要用于自己使用,基本处于自给自足的自然经济状态。后来慢慢开始种植经济作物,在满足自己食用的基础上,富余的拿来出售。传统农业在鄂西北地区的产业结构中仍保持主导地位,主要因为农业户口、土地所有权及重农传统使人们不放弃土地耕种,加上当地粮食市场流通不发达,需要自种口粮。传统林业、养殖业逐渐衰落。总体来看,农业收入也不再是鄂西北地区经济收入的主要来源。

12.1.1.2 新兴产业

改革开放后,商品经济迅速影响鄂西北地区,鄂西北地区人口逐渐增多,人均耕地少,耕作技术提高,产生了大量剩余劳动力,加上传统农业劳动力有季节性差异,不利于劳动力充分利用,当地也缺少充足的就业渠道,因此大量的中青年劳动力开始去外面打工。劳务输出是鄂西北地区居民收入的主要来源。但劳务输出也随之带来了一些问题,大量的中青年外出打工,村落里剩下的多是老人和小孩,是当今社会非常关注的一个问题,同时劳务输出从根本上改变了鄂西北地区人民的生产和生活方式,由于居民脱离了原有的文化环境,其文化认同的培养与文化记忆的构建均遭到很大的影响。

旅游业在鄂西北地区逐步发展,开发民族风情、自然特色旅游路线,受地理位置、交通、宣传等方面的影响,各地发展不均衡。当地村民在旅游服务业中,主要以餐饮、民宿和销售土特产等为主。

个体商业在交通便利、旅游业发达的地区发展较好,但还不够均衡。在大多数村落,个体商业主要体现在少数的规模较小的自家经营的商店,经营范围基本上仅满足当地村民日常生活所需的产品(见表 12-1)。

表 12-1　鄂西北传统产业与新兴产业

产业类型	发展情况	主要原因
传统农业	保持	农业户口、土地所有权及重农传统使农民不放弃土地耕种;当地粮食市场流通不发达,需要自种口粮
传统林业及渔猎业	衰落	自然资源曾受到严重破坏,短时间内难以修复;社会进步使一些较为原始的产业自然退出历史舞台
传统养殖业	衰落	农耕生产机械化减少牲畜需求量;食品市场发达,肉食购买代替原有宰杀家养禽畜的供应模式;对卫生条件要求提高
传统手工业	缓慢衰落	传统服饰逐渐为现代工业制造的服装所替代;年轻人不学习传统工艺
劳务输出业	兴盛	人口增多,人均耕地减少,耕作技术提高,产生大量剩余劳动力;传统农业劳动力具有季节性差异,不利于劳动力充分利用,当地没有充足的就业渠道;外出打工收益比传统农业高
旅游业	有待发展	乡村旅游开始发展,但各地不均衡,与传统农业相比,单位时间内劳动强度不大,收益高,需要投资资本

12.1.2　生活模式的转变

鄂西北地区原本为传统农业社会,传统村落居民的生活与农耕密切相关,当地居民的生活作息随着生产周期而变化。每年的 3—8 月为主要的农耕生产时期,农忙时节,村民们日出而作,日落而息,大部分时间在田地种田。农闲时间及非生产时间,村民多会从事一些副业,如割草砍柴、喂养家畜、修建房屋等,主要节日和活动也主要在这些时间进行。

当前鄂西北地区居民的生活周期与生活模式发生了巨大的变迁,而造成这种现象的原因很大一部分是季节性差异引起的劳动力外流。为寻求更好的生活,以青壮年为主的劳动力外出打工,生产生活周期跟着国家现行的节假日变化而变化。农村的劳动力外出打工,往往只有在春节才会回家,正因如此,只有春节期间才能见到大规模的民俗活动,而其他节日活动要么取消要么规模缩小。由此可见,生产方式的不同带来了文化活动发展趋势的差异。

从目前生活来看,鄂西北地区仍有很多居民从事着传统的农耕生产,保持着原有的生活模式,只是现代化设施的增多引起了集体活动的大量减少。鄂西北少数民族地区有着丰富的传统手工艺和口头艺术,但现在技艺传承却受到现代生活模式的强力冲击。但是当地年轻人对这些传统手工技艺和民族歌舞等并非不感兴趣。在现代的生活模式中,年轻人从小要么在学校读书,要么外出打工,没有多少时间进行传统手工艺劳动和娱乐活动,这直接影响了传统技艺的传承和发展。

12.2 传统村落的现代适应性改造

从整体宏观来看,传统村落的空间由"点""线""面"三要素构成一个完整的结构体系。村落的各个部分都要依靠道路("线")来联系起来。"点"可以看作是散布在村落中的各个节点空间,由"线"串联起来的空间区域,它既包含交通和功能的转折、冲撞和过渡的交点,又包含各个公共活动的节点空间,如广场、祠堂、集会等公共空间。"面"在这里可以概括地划为成组、成片的村落的主体居住区域以及山林区域等,"点""线""面"在传统村落中缺一不可,三者共同形成一个有机的"生命体"。

12.2.1 交通的改造

传统村落里的街道是村落里的脉络,一是可以体现村落的内部结构脉络;二是联系各家各户以及满足到达特定场所的通达性;三是形成一定的交流交往空间。

鄂西北的传统村落里的道路大多是随着人们的出行习惯自然形成的,有些是经过规划,但受到地形地貌和施工技术等方面的限制,传统村落里的道路多是顺应山势、蜿蜒曲折的,基本上同一地区的道路形态和铺筑材料及手法相似。湘西村落里的传统道路一般在房前屋后、田间地头,包括居民们自家门前的小石道,山上、田埂上和各家各户之间的石头路。

传统村落里道路存在的问题如下:

（1）有些村落的传统道路因修建年代久远,受雨水冲蚀遭到破坏。

（2）有些村落的道路还是古老的凹凸不平的土路,下雨天泥泞,不方便人们出行。

（3）有些传统村落的道路随着街边房屋的翻新,使道路原有的曲折形态逐渐被拉直拉平,失去了原有的灵动,街道空间也失去了趣味。

（4）有些传统道路在整建村落的过程中被现代化的水泥路、沥青路替代,失去了当地的历史传统风貌。

鄂西北传统村落的传统道路的修护和改造措施如下:

（1）保留传统特色风貌。选材上尽量选用当地的特色材料。铺筑手法上尽量与原始的铺筑手法一致。

（2）保留村落的原始脉络。研究原始的村落道路脉络,用发展的眼光来修缮和延续这些传统道路,尽量保留村落的原始主脉络。

（3）丰富功能空间。例如在道路的交叉口和民居的房前屋后可适当加大空间,利用建筑物的进退或建筑檐口下的复合空间,开辟一些小型的休闲空间,上坡台阶结合地形、道路转折及建筑布局等设置平台,给人们创造驻足停留休息、交流和娱乐的积极空间场所。将传统道路与广场、摆场等公共空间联通,形成完整的空间体系。

12.2.2　景观环境的改造

良好的景观环境对于人们的居住和生活起到非常重要的作用,鄂西北地区有些传统村落自身有着比较优越的自然环境和人文景观,为了更好地利用和保护这些景观环境,鄂西北地区的传统村落可在现有的自然与文化景观的基础上,充分合理地利用地形、地貌及自然资源,结合鄂西北地区的民俗风情,展示民族文化,充分体现当地自然与人文景观特色,给当地居民和外来游客营造舒心的景观环境。

12.2.2.1　村口景观改造

鄂西北地区村落的出入口是村落与外部的缓冲空间,同时是村民与外界交流的场所。有的村落可结合自身村落的特色进行景观改造。

村口通过植物造景、小品配置、建筑空间营造等设计方法体现鄂西北地方特色与标志性。对于一些小型的节点空间,可以采用灵活的设计及改造手法,如结合一些围护设施设计一些休息座椅。

12.2.2.2　绿化系统改造

鄂西北地区传统村落中的绿化可结合道路空间、广场、节点空间、民居的房前屋后等处,种植花草树木,使自然山水的绿色渗透到村落中。结合绿化布置人文景观小品,为村落居民提供舒适、美观的环境。

(1)充分利用自然条件,使平面与立体绿化相结合、绿地与水面相结合。

(2)绿地建设重点结合道路空间、广场、节点空间、民居的房前屋后等处布置。有条件的村落可设置公园,丰富村民的生活。

(3)村落公共绿地处适当布置桌椅、儿童活动设施、健身设施、小品建筑等,为村落居民提供舒适、健康、美观的环境。

12.2.3 公共空间的改造

传统村落的广场承载着公共活动的社会功能,是居民集会、文化娱乐、休闲交流的空间。随着人们生活水平的提高,人们越来越追求丰富多彩的文化生活。人们定期举办文化下乡会演、传统节日的集会活动,每天定时定点的广场舞等已经不再只是城市居民才有的活动,也成了鄂西北地区村落中居民文化生活中约定俗成的一部分。同时,鄂西北地区有些村落的广场常常与乡镇政府、村委会、学校共用。因此,充分发挥鄂西北地区传统村落中的广场、集会等公共场所的作用,对特色传统村落创建及改造有着十分重要的意义。

(1)营建开发式的政府职能式场地,充分发挥广场的公共性。鄂西北地区村落受地形地势影响,人们居于山上,可以利用的建设空地较少,广场及集会的活动场地会受到一定限制,因此可以因地制宜地结合当地情况,适当开放原来的封闭式的行政职能活动场地,充分利用村落现有的活动空间资源。

(2)体现人性化。广场及集会空间在构建时要充分体现对“人”的关怀,在对这些公共空间改造时,要充分考虑遮阳绿化、休息座椅(如结合传统特色的连廊、观演空间、娱乐活动设施等),给人们提供便利的服务设施(如商铺、厕所等),以及修建具有体现村落文化景观的环境小品等。

(3)注重材料的有机性。用天然石材铺筑而成的石板路,接缝处长有青草、青苔等植物,可以防止下雨路面泥泞和起到良好的地面渗透吸热作用。然而现在许多村落的广场都铺设了水泥地面,一来使夏季地面吸收大量的热量,对周围温度的调节不利;二来破坏了传统村落的风貌。因此,广场等集会场所的地面适宜传统的青石板、鹅卵石地面,既能保持鄂西北地区传统村落的风貌,又能调节微气候给人们带来舒适感。

(4)突出地域文化与环境特色。在构建鄂西北公共文化场所时,要保留当地特有的文化特征。通过对当地本土历史特色文化的深入探索,取其精华,例如抽取一些民族特色符号、颜色、图腾图案等,运用到广场及集会空间的修护与改造中。

12.2.4　给水排水系统改造

12.2.4.1　给水系统

水是生产生活的基本保障,饮水安全至关重要。给水设施的改造需做好以下三点:

(1)水源选择。现有水源地的保护范围内严禁倾倒污染物,已污染水源应及时治理。居民独立供水设施的水源应选择水量充足且符合饮用水标准的地上溪流等,重新选择水源地时也应遵循以上标准。

(2)给水管网。新建水厂规模必须远离垃圾、粪便等污染源。生活饮用水的处理方法、净化工艺和消毒剂使用应严格依照国家相关标准,水厂相关工作人员应具有医院出具的从业身体健康证明,并定期进行体检。

(3)输送管道。原有管道老化严重,跑、冒、滴、漏现象频出,需及时检修,以防输送过程中产生水资源浪费;输送管道选择合适的路线,减少初始投资,并有助于提高管道使用寿命;适当利用地形条件,尽量利用重力送水,减少水泵等附属设备。另外,鄂西北地区冬天气温较低,偶有冰冻现象,所以室外安装的水表等设备需做好防冻措施。

12.2.4.2　排水系统

鄂西北地区传统村落现有排水系统已经基本不满足使用需求,也不符合环保要求,故需做到雨污分流,建立完善的雨污处理系统。

(1)雨水管沟。雨水管沟可及时排出雨水,避免积水。原有管沟多为暗渠,虽耗资较少,但容易导致垃圾堆积,阻塞管沟滋生细菌散发异味,既实现不了排水功能又达不到环保要求。当前最合理的方法是用现代材料管沟暗敷,增加盖板等,局部增加排水口。

(2)污水管道。污水直接排入河流湖泊会污染水源,雨污合流会加大污水处理设施负担,增加处理费用。因此,污水要有专门管道,考虑到污水的性质,污水管道宜暗敷在地下并做成密闭管沟。

(3)污水处理。城镇附近的村落应合理利用现有资源,可将新建污水管道接至原有管道,将污水送至城镇污水处理厂统一处理。而偏远村落适宜采用生态处理方法处理污水,最后将处理后达标的污水直接排入河流等,也可以设置小型污水处理站。

12.3　鄂西北地区传统村落生活模式的发展策略

(1)遵循文化优先、生态优先的原则。鄂西北地区具有特色的民族文化,但如今也受到众多因素的冲蚀,生态资源丰富但生态环境相对脆弱。因此,在发展产业时,要加快淘汰污染环境的落后产业,使民族文化融入当地产业结构,形成一条可持续发展的特色道路。

(2)发展特色绿色生态农业。依据当地特色优势农产品生产和加工,培育高品质特色的绿色生态农业品牌。构建新型农业社会服务体系,探索企业、农户、产业基地高效联动发展模式。

(3)发展特色经济产品。鄂西北地区物产资源丰富,茶叶、木耳等土特产品资源丰富,可继续保持并开放新种类。挖掘当地特色经济产品,使其形成一定的产业,举办交流会,让消费者亲自体验和观赏,扩大影响力,使鄂西北地区特色的产品打开市场,走出大山,走向世界。这样一来,既可以带动当地经济,又可以解决当地劳动力的就业问题。

(4)老旅游产业村落向四周辐射带动式发展。有些村落基础条件较好,旅游业发展较早,例如上津古城、黄龙镇等,让这些有一定历史文化特色和自然景观特色的村落可以优先发展特色旅游产业,然后把旅游路线逐步辐射到周边的传统村镇,形成多条辐射状旅游线路,由早发展的旅游特色村落带动周边尚未发展的村落,依据各个村落不同的特点,可形成特色农家体验、休闲度假、文化采风等旅游产业,一方面带动整片区域的经济发展,另一方面丰富了旅游产品结构,使旅游资源多元化发展,也给游客提供了更加丰富的体验选择。

参考文献

[1] 湖北省住房和城乡建设厅.湖北传统民居研究[M].北京:中国建筑工业出版社,2016.
[2] 彭一刚.传统村镇聚落景观分析[M].北京:中国建筑工业出版社,1994.
[3] 刘大可.中国古建筑瓦石营法[M].北京:中国建筑工业出版社,1993.
[4] 张国雄.明清时期的两湖移民[M].西安:陕西人民教育出版社,1995.
[5] 汪德华.中国山水文化与城市规划[M].南京:东南大学出版社,2002.
[6] 陈正祥.中国文化地理[M].北京:三联书店,1983.
[7] 郝少波.鄂西北民居的"依势"与"围合"[A].中国民居建筑年鉴(2008—2010)[M].
北京:中国建筑工业出版社,2010.
[8] 中国科学院自然科学史研究所.中国古代建筑技术史[M].北京:中国建筑工业出版
社,2016.
[9] 李晓峰.乡土建筑[M].北京:中国建筑工业出版社,2005.
[10] 吴良镛.中国人居史[M].北京:中国建筑工业出版社,2014.
[11] 王树声.中国城市人居环境历史图典[M].北京:科学出版社,2015.
[12] 张十庆.徽州乡土村落[M].北京:中国建筑工业出版社,2015.
[13] 倪琪,王玉.中国徽州地区传统村落空间结构的演变[M].北京:中国建筑工业出版
社,2000.
[14] 卞利.徽州传统聚落规划和建筑营建理念研究[M].合肥:安徽人民出版社,2017.
[15] 吴晓勤.皖南古村落规划保护方案保护方法研究[M].北京:中国建筑工业出版
社,2002.
[16] 陆元鼎.中国传统民居与文化[M].北京:中国建筑工业出版社,1991.
[17] 陆元鼎.中国民居建筑[M].广东:华南理工大学出版社,1991.
[18] 丁俊清.中国民居文化[M].上海:同济大学出版社,1989.
[19] 任放.明清长江中游市镇经济研究[M].武汉:武汉大学出版社,2003.
[20] 张明富.明清商人文化研究[M].重庆:西南师范大学出版社,2008.
[21] 杨国安.明清两湖地区基层组织与乡村社会研究[M].武汉:武汉大学出版社,2004.
[22] 蒋显福,匡裕从,杨立志,等.沧桑与瑰丽:鄂西北历史文化论纲[M].武汉:湖北人民
出版社,2004.
[23] 张培玉.十堰市建置沿革[M].武汉:湖北人民出版社,1998.
[24] 周振鹤.中国历史文化区域研究[M].上海:复旦大学出版社,1997.
[25] 曹树基.中国移民史(第六卷)[M].福州:福建人民出版社,1997.

［26］张伟然.湖北历史文化地理研究［M］.武汉:湖北教育出版社,2000.

［27］徐斌.明清鄂东宗族与地方社会［M］.武汉:武汉大学出版社,2010.

［28］匡裕从.十堰移民史［M］.武汉:长江出版社,2010.

［29］常建华.明代宗族组织化研究［M］.北京:紫禁城出版社,2012.

［30］杨国安.国家权力与民间秩序:多元视野下的明清两湖乡村社会研究［M］.武汉:武汉大学出版社,2012.

［31］康安宇,孙代峰.十堰市古籍联合书目［M］.北京:国家图书馆出版社,2011.

［32］潘彦文.十堰历史建置考［M］.武汉:长江出版社,2011.

［33］周兴明.郧阳文化研究文集［M］.武汉:湖北人民出版社,2012.

［34］杨卿生.郧阳民俗文化［M］.武汉:湖北人民出版社,2012.

［35］柳长毅.郧阳文化论纲［M］.武汉:湖北人民出版社,2012.

［36］赵逵.历史尘埃下的川盐古道［M］.上海:上海东方出版社,2016.

［37］赵逵.川盐古道——文化路线视野中的聚落与建筑［M］.南京:东南大学出版社,2008.

［38］李晓峰,谭刚毅.两湖民居［M］.北京:中国建筑工业出版社,2009.

［39］自贡市盐业历史博物馆.川盐文化圈图录:行走在川盐古道上［M］.北京:文物出版社,2016.

［40］竹溪地方志编纂委员会.竹山县志［M］.北京:方志出版社,2002.

［41］刘苗.湖北传统民居营造技术研究［D］.武汉:武汉理工大学,2010.

［42］龙琳.黄龙镇街道空间形态及演变研究［D］.武汉:华中科技大学,2010.

［43］刘炜.湖北古镇的历史、形态与保护研究［D］.武汉:武汉理工大学,2006.

［44］陈海波.鄂西北当代移民村落适宜营建技术策略研究:以郧县移民村落为例［D］.武汉:华中科技大学,2013.

［45］江岚.鄂东南乡土建筑气候适应性研究［D］.武汉:华中科技大学,2004.

［46］陈柳.通山县乡土建筑的人文地理学研究［D］.武汉:华中科技大学,2004.

［47］洪汉宁.传播学视野里的乡土建筑研究［D］.武汉:华中科技大学,2003.

［48］李梦雷.社会学视域中的乡土建筑研究［D］.武汉:华中科技大学,2003.

［49］刘源.人文地理学角度研究乡土建筑［D］.武汉:华中科技大学,2003.

［50］张兴亮.襄樊南漳地区堡寨聚落研究［D］.武汉:华中科技大学,2006.

［51］丁冠蕾.襄樊南漳地区传统民居的人文地理学研究［D］.武汉:华中科技大学,2007.

［52］石峰.湖北南漳地区堡寨聚落防御性研究［D］.武汉:华中科技大学,2007.

［53］鲁西奇.汉魏时期长江中游地区地名移位之探究［D］.武汉:武汉大学,1993.

［54］陶卫宁.历史时期陕南汉江走廊人地关系地域系统研究［D］.西安:陕西师范大学,2000.

［55］曾群.汉江中下游水环境与可持续发展研究［D］.上海:华东师范大学,2005.

［56］肖启荣.明清时期汉水中下游的水利与社会［D］.上海:复旦大学,2008.

[57] 周凯.晚清汉口城市发展研究[D].北京:北京林业大学,2007.

[58] 邓祖涛.长江流域城市空间结构演变规律及机制研究[D].南京:南京师范大学,2006.

[59] 刘秀英.新农村建设视野下非物质文化遗产保护路径探索[J].重庆科技学院学报(社会科学版),2011(5):139-141.

[60] 刘冰清,徐杰舜,韦小鹏.原生态文化保护与开发研究综述[J].原生态民族文化学刊,2011(4):126-135.

[61] 罗牧原,张兴荣.城镇建设中的传统建筑文化保护与开发[J].小城镇建设,2011(2):85-88.

[62] 唐常春,吕昀.基于历史文化谱系的传统村镇风貌保护研究[J].现代城市研究,2008(9):35-41.

[63] 王国超.试论少数民族传统文化的保护与传承——以黔东南苗侗民族为例[J].怀化学院学报,2012,30(6):1-3.

[64] 刘加平.传统民居生态建筑经验的科学化与再生[J].中国科学基金,2003(4):234-236.

[65] 杨豪中,张鸽娟."改造式"新农村建设中的文化传承研究——以陕西省丹凤县棣花镇为例[J].建筑学报,2011(4):31-34.

[66] 俞明海,周波他,张俭.文化传承与民族村镇本土化规划模式探讨——以山南地区泽当镇民族路集镇设计为例[J].绿色科技,2011(7):190-194.

[67] 陈征,徐莹,何峰,等.我国历史文化村镇的空间分布特征研究[J].建筑学报,2013(S1):14-17.

[68] 李亚娟,陈田,王婧,等.中国历史文化名村的时空分布特征及成因[J].地理研究,2013,32(8):1477-1485.

[69] 刘大均,胡静,陈君子,等.中国传统村落的空间分布格局研究[J].中国人口资源与环境,2014,24(4):157-162.

[70] 康璟瑶,章锦河,胡欢,等.中国传统村落空间分布特征分析[J].地理科学进展,2016,35(7):839-850.

[71] 金丽娟.美丽乡村建设背景下鄂州乡村旅游优化研究[J].旅游纵览(下半月),2017(11):93-94.

[72] 谢辉,余天虹,李亨,等.农村建设理论与实践——以德国为例[J].城市发展研究,2015(4):39-45.

[73] 王卫星.美丽乡村建设:现状与对策[J].华中师范大学学报(人文社会科学版),2014,53(1):1-6.

[74] 吴理财,吴孔凡.美丽乡村建设四种模式及比较——基于安吉、永嘉、高淳、江宁四地的调查[J].华中农业大学学报(社会科学版),2014(1):15-22.

[75] 陈新森.发展休闲观光农业,加快推进农旅融合[J].新农村,2014(2):12-14.

[76] 张宇翔.美丽乡村规划设计实践研究[J].小城镇建设,2013(7):48-51.

[77] 朱莹,王伟光,陈斯斯,等.浙江衢州市衢江区"美丽乡村"总体规划编制方法探讨[J].规划师,2013,29(8):113-117.

[78] 宋京华.新型城镇化进程中的美丽乡村规划设计[J].小城镇建设,2013(2):57-62.

[79] 杜成乾.美丽乡村规划的探索与实践[J].安徽建筑,2016,23(6):37-38.

[80] 薛亮.勇当生态文明建设的主力军——聚焦国土资源工作助力美丽中国建设[J].国土资源,2018(2):24-27.

[81] 齐甲子,洪京.美丽乡村建设中的生态美学问题研究[J].内蒙古农业大学学报(社会科学版),2017,19(5):41-45.

[82] 吕洪涛.城市环境总体规划视角下的生态农村建设规划探析——以抚顺市坎木村为例[J].环境保护与循环经济,2015(3):73-75.

[83] 宋祥凯.我国生活垃圾分类管理的现状与发展建议[J].天津科技,2017,44(3):15-16,19.

[84] 王艳,淳悦峻.城镇化进程中农村优秀传统文化保护与开发问题刍议[J].山东社会科学,2014(6):103-106.

[85] 李维,张体敏.新农村建设背景下的乡土文化传承研究[J].传承,2013(7):136-137.

[86] 杨晓尉.安吉县中国美丽乡村建设的实践与启示[J].政策瞭望,2012(9):42-45.

[87] 周琼,曾玉荣.福建省美丽乡村建设的现状与对策建议[J].福建论坛(人文社会科学版),2014(5):120-124.